De marktvrouw van Basse-Terre

FSC
www.fsc.org
MIX
Papier aus ver-
antwortungsvollen
Quellen
Paper from
responsible sources
FSC® C105338

Ada Rosman-Kleinjan

De marktvrouw van Basse-Terre

op verkenning in Guadeloupe

1e druk 2024

Foto voorkant: op de markt in Basse-Terre
Foto achterkant: bij Catherine's in Deshaies

Wombat reisboeken
www.adarosman.nl / info@adarosman.nl

Herstellung und Verlag:
BoD – Books on Demand, Norderstedt

ISBN 9783757891695
NUR 508

fotografie: Jan Rosman
landkaart en omslag: Wim Wisman
opmaak binnenwerk: Wim Wisman | Ada Rosman-Kleinjan
taalredactie: Rinus Morsink
verhaalredactie: Anika Redhed

Inhoud

Wie voortdurend reist, is altijd ergens anders – Cees Nooteboom

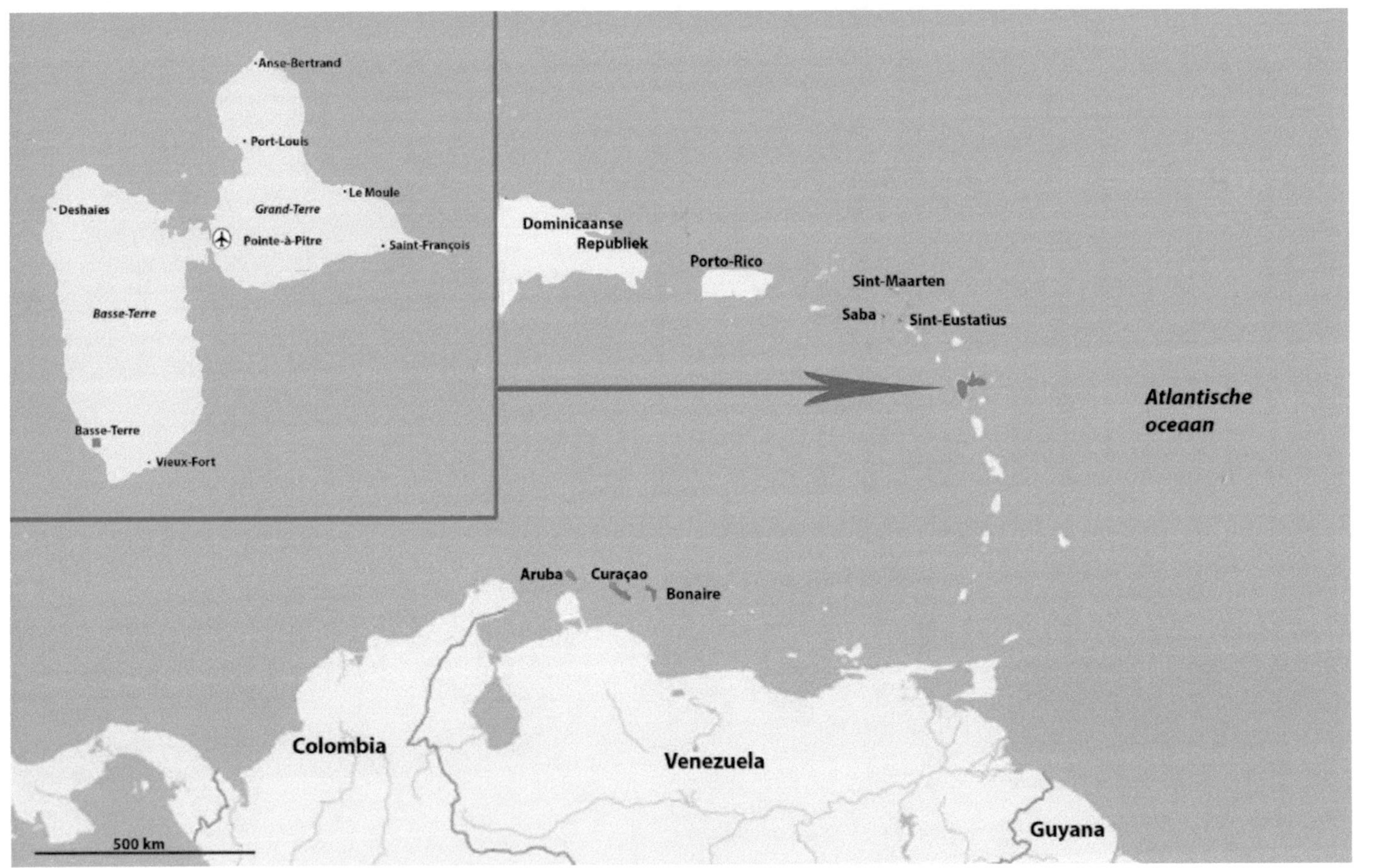

Anse-Bertrand
Port-Louis
Le Moule
Grand-Terre
Deshaies
Pointe-à-Pitre
Saint-François
Basse-Terre
Basse-Terre
Vieux-Fort
Dominicaanse Republiek
Porto-Rico
Sint-Maarten
Saba
Sint-Eustatius
Atlantische oceaan
Aruba
Curaçao
Bonaire
Colombia
Venezuela
Guyana
500 km

Als een vlinder

'Dus we kunnen doorlopen zonder enige vorm van controle?'
zeggen we tegen elkaar en tegen niemand in het bijzonder.
Geen douane, geen paspoortcontrole, gewoon met de bagage
in de hand het vliegveld aflopen. De eilandengroep Guadeloupe behoort officieel bij Frankrijk. De vlucht van de Franse
hoofdstad naar Point-a-Pitre in de Atlantische Oceaan is een
simpele binnenlandse vlucht. De controle van Amsterdam
naar Parijs was intenser.
We lopen naar buiten; het is nog licht. De tropische warmte
voelt vertrouwd aan. We gaan op zoek naar het busje van het
verhuurbedrijf waar we een auto hebben gehuurd. Er komen
meer mensen aan lopen. Hoppa, in de bus om een paar tellen
later bij het kantoor van Rent-a-Car uit te stappen waar een
prima auto voor ons klaarstaat. Een glanzend witte, 4-deurs
Dacia Sandero. Jan heeft thuis de kaart bestudeerd en kent de
route. De telefoon erbij - geen extra kosten omdat we in Europa zijn - en via de ene na de andere rotonde rijden we de
stad uit naar het stadje Deshaies waar we een studio hebben
geboekt. Aangezien het eiland slechts vier keer zo groot is als
Texel, hebben we ervoor gekozen om op één locatie te
verblijven. Dat geeft rust en is makkelijk reizen.

Les Lianes De Mysore (de wijnstokken van Mysore), een
groot, wit met oranje afgebiesd huis, in een gewone straat is
ons onderkomen. Het gebouw herbergt vijf appartementen,
drie met een mooie woonkamer erbij en twee zoals de studio
die wij hebben. Groene cactussen, felroze hibiscusbloemen
en een heerlijke warmte heten ons welkom wanneer we uitstappen voor het grote complex met stevige houten luiken
voor de ramen. Het terras buiten is bedekt met grote, zalm-
roze tegels; dat wordt weer veel op blote voeten lopen. Er
staan twee tuinstoelen, van die houten waar een lap stof als

hangmat in hangt, die er te leuk uitzien maar voor geen meter zitten. Maar goed, daar gaat het niet om, het is kleurig, het is smaakvol en met grote cactussen als potplanten om ons heen, zit zelfs de meest ongerieflijke stoel prettig. Er zijn twee deuren. De ene gaat open en er komt een vrouw aan lopen die op ons zat te wachten. Ze heet ons hartelijk welkom.

'Ik heet Liliane,' zegt ze, tenminste dat is wat ik begrijp. 'Als jullie me de code geven die jullie in de mail hebben gekregen, kan ik het sleutelkastje openmaken.'

Haar Engels is nog slechter dan mijn Frans, maar we begrijpen elkaar. Gelukkig heb ik alles bij de hand. Ik weet haar duidelijk te maken dat ik twee keer een code heb gekregen en laat ze beide zien. De nummers werken niet. Ze pakt de telefoon, voert een kort gesprek, tikt vier cijfers in en het kastje geeft de sleutel prijs. Handig. Ze doet de deur open en een smalle gang leidt naar onze studio - dat heel wat leuker klinkt dan appartement. Het ziet er nog mooier uit dan op de foto's. Alle muren en zelfs het plafond zijn bedekt met brede, planken, koele tegels op de vloer en overal zie ik kleuren om vrolijk en blij van te worden. Op het bed liggen dikke handdoeken waar een oranje, tropische bloem op ligt. Om het bed hangt een muskietennet en zelfs een bedlampje ontbreekt niet. De kleuren azuurblauw en geel komen overal in terug. In de handdoeken, de kleedjes op de vloer in de badkamer, het prullenbakje in de badkamer en zelfs het bekertje op de wastafel Op een trapje in de badkamer meer handdoeken. Iemand met goede smaak en oog voor detail heeft alles ingericht. Op het deksel van het toilet zwemt een krab.

In de zitslaapkamer is een klein aanrechtje met een koffiezetapparaat, waterkoker, broodrooster, een koelkast, een tweepits elektrische kookplaat, potten en pannen. Het kastje in de hoek is gevuld met glazen, borden, bestek en alles wat een mens maar nodig kan hebben. Alles staat in twee kastjes terwijl ik daar thuis een aanrecht, diverse kasten en een kelder voor nodig heb. Er staat zelfs een kleine, blauwe koelbox.

Nieuwsgierig trek ik het aanrechtkastje open en zie een pak aardappelpuree staan. Koffie, thee en een klein flesje rhum van het merk Damoiseau staan op het dienblad. Er ligt een citroen bij, naast de *h* in de rhum houdt men hier ook van citroensap in dit drankje. Rum is het exportproduct van dit eiland dat als een vlinder in het azuurblauwe water van de Caribische Zee ligt. Wat een wereldplek. Twee wit-groen gelakte houten stoelen met een bijpassende tafel staan tegen de muur. Er is een magnetron, een stofzuiger en meer schoonmaakspullen dan thuis. Ik open de achterdeur waar op een bescheiden terrasje in de hoek, onder een houten afdak, een wasmachine staat. Met temperaturen die niet onder de 25 graden Celsius komen, kan die prima buiten staan. Er staan ook twee stoeltjes met een tafel. Het is er nu nog warm en overdag moet het hier bloedheet zijn. Geen probleem, dan gaan we op het terras zitten aan de straat. We kijken elkaar tevreden aan; wat een leuke stek. De vriendelijke vrouw knikt vergenoegd wanneer ze ziet dat we blij met alles zijn.
'Kunnen jullie koffie zetten,' duwt ze me snel een stapel koffiefilters in mijn handen voordat ze ons een fijne avond wenst en terugloopt naar haar verblijf.
Ik pak de tropische bloem van het bed, zet het in een glas met water en voel me helemaal senang: we zijn thuis.

Deshaies, beter bekend als Honoré

'Volgens mij wil Liliane ons een ontbijt aanbieden,' zeg ik tegen Jan. 'Maar we hebben een accommodatie zonder ontbijt. Ik begrijp het niet goed.'
Het is vroeg, de winkels zijn gesloten en op zondag blijft er ook veel gesloten, begrijp ik van haar. Op de veranda heeft ze de tafel gedekt met veel vers fruit: ananas, mango en meloen. Koffie, thee, brood en beleg. De kleuren van het fruit gaan bijna naadloos over in de kleuren van de tropische bloemen die in de struiken en bosjes groeien. Ze komt er gezellig bij zitten en samen eten we van alles wat op tafel staat.
'Elke morgen rond zeven uur komt de bakker langs en kun je ter plekke vers stokbrood en croissantjes kopen,' weet ze ons duidelijk te maken.
Ze is hartelijk, behulpzaam maar niet de eigenaar begrijp ik van haar. De dingen die ik niet begrijp, vul ik naar eigen goeddunken in, daar doe ik nooit moeilijk over. Wanneer we simpele vragen stellen begrijpen we elkaar, maar een echt gesprek lukt niet. Een goed gesprek voeren tussen mensen die elkaars taal niet spreken, is overal ter wereld lastig. Een terras aan de voorkant van de straat heeft zijn voordelen; er valt veel te bekijken. Een man jogt voorbij, hanen maken idioot veel lawaai en het wordt steeds warmer; dat belooft wat. We begeven ons letterlijk in de straat. We bedanken onze gastvrouw voor het ontbijt en maken ons klaar om Deshaies en omgeving te verkennen.

Onze zintuigen staan op scherp, een mens kan tenslotte maar eenmaal ergens een eerste indruk van krijgen. Altijd een bijzonder moment wanneer je voor het eerst kennis maakt met een totaal onbekend land, ook al is het officieel een deel van Frankrijk, het heeft net zoveel met Frankrijk te maken als Noorwegen met Spanje. De mensen praten Frans en ik kan overal met de euro betalen: ik verklaar het tot een autonoom land. De bank is het met me eens. Ik moet mijn bankpasje eerst op werelddekking zetten voordat ik geld kan pinnen. Jan houdt fanatiek onze reis bij via Polarsteps en tot zijn ergernis vindt deze app dat het eiland bij Frankrijk hoort.

'Wat is jullie volgende bestemming?' is een vraag die we veel horen wanneer we terug komen van een reis. 'Guadeloupe,' was deze keer het antwoord.
'Waar ligt dat in vredesnaam?' was de tweede vraag van zo ongeveer iedereen.
Als fans van de Britse detective-serie *Death in Paradise* vroegen we ons af of Saint Marie, zoals Guadeloupe in de serie heet, een leuke bestemming zou zijn. Tja, er was maar een manier om erachter te komen en dat was ernaartoe gaan. Het overzees gebied ligt ruim 6.000 kilometer van grote zus Frankrijk verwijderd. Alles wordt in het Frans en vaak ook in het creools aangegeven. De archipel bestaat uit vijf eilanden waar in totaal ruim een half miljoen mensen wonen. De twee grootste eilanden zijn Grand-Terre en Basse-Terre. Wanneer je de twee eilanden op de kaart bekijkt, valt direct de vlinderachtige vorm, *de papillon*, op.

De eerlijkheid gebiedt me om te zeggen dat ik alleen maar wist dat het ergens in de buurt van de Nederlandse Antillen lag en verder kwam ik niet. Januari tot begin mei wordt door veel mensen als het beste reisseizoen gezien. Dan is het orkaan- en regenseizoen zo goed als voorbij. Nu, eind mei is het groener dan groen en knetterheet maar droog. We zullen vast nog wel een keer een dikke bui scoren, maar dat is geen probleem. Daarom is het zo prettig om een leuke stek te hebben waar we zelfs als het regent heerlijk op ons eigen terras kunnen zitten met een cappuccino en waarschijnlijk in gezelschap van ontelbare muggen.

Guadeloupe l'Île Papillon. La France in de tropen. De kleuren maken het tot een blij eiland. De auto's die door de straten rijden zijn bescheiden van vorm en goed onderhouden. Af en toe een fietser en soms een motorrijder, wandelaars zien we niet. Het is geen land voor lopende mensen; te warm en te veel stijgen en dalen. De wegen zijn goed onderhouden.

'Oh, kijk dat is het kerkje dat we in elke aflevering zien,' wijs ik enthousiast naar Jan, net alsof het rode golfplatenpuntdak te missen zou zijn.
Het steekt parmantig boven het tropische groen uit. Deshaies heet in de serie Honoré, waar het grijze politiebureau naast de kerk staat. Deshaies is op Basse-Terre, een bescheiden plaatsje dat door de serie een wereldberoemde plek is geworden. Vandaag is er veel gesloten. Na een ritje van amper zes kilometer rijdt Jan het stadje in waar we de auto parkeren op een bijna verlaten parkeerterrein. In grote cirkels van beton groeien grote varens. De cirkels zijn beschilderd met afbeeldingen van fruit en een van de bakken wenst ons een gelukkige dag toe. Hoe een saai parkeerterrein voor vrolijkheid kan zorgen! De patisseries zijn open. Mensen staan geduldig te wachten bij Ferry Patisserie *restauranu ton rapide* tot ze aan de beurt zijn. Buiten en binnen staan tafels met stoeltjes waar mensen in alle rust zitten te ontbijten. In de vitrine ligt verleidelijk gebak. Ik bestel twee cappuccino's en zoek iets lekkers uit: een tompouche met rood glazuur en een dikke koek gevuld met Nutella. Ik wil betalen. De bestelling gaat rapide genoeg, dit in tegenstelling tot de betaling.
'Je kunt het geld in dat bakje doen,' wijst de vrouw terwijl ze naar twee verschillende bakjes wijst.
Ik begrijp er geen hout van. Ze wijst, ze knikt en ik lach schaapachtig terug. Een man achter me wijst naar de bakjes. Ik heb nog steeds geen idee wat de mensen bedoelen. Aha, het begint in te dalen. In het ene bakje leg ik het papiergeld en in het andere bakje mijn muntgeld; ik krijg keurig mijn

wisselgeld terug en pak het uit het bakje. Het is duidelijk dat het voor iedereen een heldere manier van betalen is. Zoals altijd dient de reiziger zich aan te passen en we lopen naar buiten, zoeken de schaduw op en genieten van het lekkers en de vloeistof in het papieren bekertje dat door mijn goede humeur voor een cappuccino door kan gaan.

Op deze zondag, Eerste Pinksterdag, lopen de mensen in hun allermooiste kleding naar de kerk - waar de kerkklok twee keer per dag de juiste tijd aangeeft - waar de deuren uitnodigend openstaan. Veel vrouwen zijn in smetteloze witte jurken gekleed. Op een bord staat dat het de St. Pierre en St. Paul kerk is, ik kijk rond om te zien waar de andere kerk staat. Nee, het zijn twee heiligen die hun naam aan deze ene kerk hebben gegeven. Alles wordt omringd door uitbundige groene palmbomen. Voor de kerk staat een wit marmeren graf met een omgevallen vaas met bloemen, Georges Maglont Pliri 1901-1982, tenminste dat maak ik ervan. In de loop van de jaren is het graf enkele letters kwijt geraakt. Angetrokken door de klanken van een trompetspeler loop ik het gebouw binnen. Er zitten een paar vrouwen - waar ter wereld we ook een kerk binnen lopen, we treffen er altijd een paar vrouwen aan - in de banken. Overal staan vazen gevuld met tropische bloemen en alles ziet er verzorgd uit. Ventilatoren moeten voor wat koelte zorgen. Zachtgele en witte muren, houten lambrisering, een paar beelden aan de muren en een grote schildering met tropische bloemen, geven het gebouw een liefelijke uitstraling. Jezus hangt aan zijn kruis achter de kansel. Ik kijk rond om alles goed in me op te nemen en loop weer naar buiten. Een mevrouw in het wit, hoed op haar hoofd en kralen om haar nek en polsen, poseert graag voor een foto. Zo jammer dat mijn Frans niet toereikend is om te vragen waarom zoveel vrouwen in het wit gekleed zijn.
We lopen naar het grijze politiebureau dat er precies zo uitziet als we op de televisie zien. Op de een of andere manier

stelt me dat gerust. Honoré Police met het politielogo erboven. *Net zoals in de film*, hoor ik Hennie Vrienten van Doe Maar zingen. Ik ga op het bankje dat tegen de muur staat, zitten en maak mezelf wijs dat ik een belangrijk onderdeel ben in een van de afleveringen. Een beetje dagdromen kan nooit kwaad. Het is de perfecte plek om koffie te drinken en Jan haalt de spullen uit de auto. Palmbomen zorgen voor wat schaduw en als het helemaal te gek wordt, hangen er onder de overkapping rieten matten die als rolgordijnen gebruikt kunnen worden. Voor de gesloten ramen staan verrijdbare, houten plantenbakken met aquablauwe potten waar varens in groeien. Ik denk, wanneer je waar dan ook op dit eiland, een stok in de grond steekt er binnen een dag groene blaadjes aan zitten. Het knalt de grond uit.

Naar Basse-Terre

Het is even wennen, om zeven uur in de ochtend is het 25 graden. De thermos is gevuld, koffiespullen mee en rijden maar. Jan weet de weg en met mevrouw Google aan zijn zijde is verdwalen niet meer nodig. Eerst door Deshaies rijden, stel je voor dat het team van de commissaris net een nieuwe moord op hun bordje heeft gekregen? Ik blijf het te leuk vinden om de kerktoren zo eigenwijs boven alles en iedereen uit zien steken. Het is rustig in de stad. Het politiebureau heeft de deuren en de luiken gesloten. Jan rijdt naar het zuiden, naar Basse-Terre, het grootste eiland van Guadeloupe dat groen en bergachtig is. Er worden hier veel bananen verbouwd en er moet hier ook ergens een actieve vulkaan zijn. Alle reden om op onderzoek te gaan. Het is een route van 57 kilometer waar we minimaal twee uur voor nodig hebben. Aangezien ik overal wel een foto van wil maken is het de vraag of we er überhaupt zullen komen.

We rijden Point-Noire binnen, waar een paar heren op leeftijd onder een afdakje - ik heb de indruk dat het een bushalte is - genieten van een cola. Er is parkeerruimte en tijd voor koffie. Met alle spullen lopen we ernaartoe. Ze kijken even op, knikken en gaan verder met hun gesprek. Ik trakteer de heren op een koekje. Zonder schroom pakt iedereen er twee. Ik wandel naar het monument dat verderop staat. Het is om de kinderen te eren die tijdens de Eerste Wereldoorlog om zijn gekomen. Een jongeman, een kind nog, houdt in zijn linkerhand de Franse vlag vast en in zijn andere hand een ouderwets aandoend geweer. Bijna zestig namen staan in alfabetische volgorde op de oranje plaquette. Kinderen met geweren, hoe vreselijk fout kan een combinatie zijn?
Ondertussen hebben de heren gezelschap gekregen van een andere man. Ze praten allemaal tegelijk. Aangezien bij ieder-

een de nodige tanden ontbreken, wordt er veel geslist en vraag ik me af of ze elkaar ook begrijpen, verstaan wel maar of de woorden begrepen worden... De ene man draagt een paar dikke, zilveren kettingen om zijn hals en een rieten hoedje op zijn hoofd waar een schildpadje, een palmboom en Guadeloupe op staat. We knikken naar de heren - samen koekjes eten schept een band - leggen de koffiespullen in de auto en gaan een klein rondje lopen.

De deuren van een zachtgeel gebouw zijn gesloten. *Liberté, Egalité, Fraternité* (vrijheid gelijkheid, broederschap) staat er boven de deuren. Op een grote paal, in de kleuren van de Franse vlag, staat een buste van een vrouw. Het is een herdenkingsmonument ter ere van de grote revolutie in 1789. De vrouw heeft een starre blik op haar gezicht, een grote bos zwart haar en kijkt wezenloos voor zich uit.

De fruitstallen zijn ingericht en minstens zo kleurrijk als alles dat we hier zien. Veel bananen, ananassen, mango's, op maat gesneden stukken meloen, sinaasappels, tomaten, abrikozen en passievruchten. Het is smaakvol opgestapeld en alles heeft een vaste prijs. Wat duur denk ik totdat ik zie dat men hier alles in de kiloprijs aangeeft. Wanneer men ziet dat we graag wat willen kopen, krijgt Jan een mand in zijn handen geduwd. Zeg nu maar eens nee. Er liggen ook harige knollen, geen idee wat het is. *Malanga's* lees ik, niet dat ik nu meer weet. Natuurlijk weet mevrouw Google het wel. Malanga is beter bekend onder de naam *taro*, een tropische plant uit onder andere Afrika en het Caribische gebied. Het schijnt de smaak van aardappels te hebben en is rijk aan vezels en andere voedingsstoffen. Wanneer het vermalen wordt tot meel kan er ook prima mee gebakken worden. We laten de knollen liggen, betalen het fruit en lopen terug naar de auto. Als ik me omdraai, zie ik diverse catamarans in het water van de Caribische Zee liggen. In de verte ligt een groene, houten boot voor anker.

De afstanden zijn klein, de bochten talrijk en er is veel dat om
een foto vraagt. Veel patisseries zijn open; de Franse invloeden zijn overal. Wanneer het een boulangerie annex patisserie
is, is er gelegenheid om lekker buiten of binnen te zitten. In
Vieux-Habitants stoppen we voor een drankje. Door de
aangename koelte in onze auto vergeten we soms hoe heet
het is. Door de regen die vlak voor onze komst is gevallen
ziet alles er opgepoetst uit. Het gevallen water is lekker aan
het verdampen. Zo gauw we uitstappen, overvalt de hitte ons.
De vitrines staan vol met verleidelijke taarten, koeken en
broodjes; we weten ons te beheersen en zoeken een sapje uit.
Achter de balie staat een vrouw, bril op het puntje van haar
neus, een netje om haar haren, blauw schort voor en een
luchtig zomerjurkje brengt haar indrukwekkende armen goed
in beeld. Zelden zag ik een vrouw met zulke armen.

Aan de rechterkant doemen de eilanden van Les Saints op.
We reizen over een groot eiland dat aan alle kanten omringd
wordt door andere eilanden.
'Stop daar eens even. Daar is een brandweerkazerne; daar wil
ik een paar foto's van maken voor Susan.'
Jan stopt, ik ga er snel uit en maak foto's die ik doorapp naar
ons nichtje. Ze is bevelvoerder bij de brandweer en staat als
brandweervrouw haar mannetje, iets waar ik als tante erg
trots op ben. Ik weet dat ze dol is op dit soort foto's.
Agaves, waarvan de zachtgrijs gekleurde, smalle bladeren
minimaal twee meter lang zijn, kronkelen uit de potten en uit
de grond en zoeken als slangen hun weg in de omgeving.
Door hun stiekelige randen zorgen ze voor een natuurlijke bescherming. Voeg daarbij de groene bosjes, struiken en om-
heiningen die geel en roze zijn geschilderd en dan is het niet
meer dan logisch dat we amper vooruit komen.
Oude vervallen huizen staan als dames op leeftijd bij elkaar,
hun make-up mag dan doorgelopen zijn, hun uiterlijk
ouderwets maar de grandeur van vervlogen tijden is onmis-

kenbaar. De luiken hangen slordig voor de open ramen, de deuren zijn verdwenen en tropische bloemen zorgen voor kleur op de vale wangen. Kabels en draden hangen in en door de gebouwen en hebben lang geleden hun functie reeds verloren. Alles wat niet onderhouden wordt, wordt gretig door de natuur verpulverd. Zij is genadeloos.

Eiland van het mooie water

Guadeloupe draagt ook de last van een slavernijverleden. Daar had ik over gelezen, maar veel ervan afweten doe ik niet. We rijden Basse-Terre, de hoofdstad van dit eiland, binnen en ik zie een groot standbeeld staan dat mijn aandacht trekt. Daar wil ik meer van weten. Jan stopt en we lopen ernaartoe. Op een grote trommel staan een man en een vrouw, *La statue de la Libération de l'Esclavage* lees ik op de plaquette. Het beeld is gemaakt door Mrs Jean et Christian Moia. Haar telefoonnummer staat er ook bij vermeld. Zou dit nu reclame zijn of kunnen mensen haar bellen voor meer informatie?

De stenen vrouw is gekleed in een gele omslagrok en om haar hoofd is een band geknoopt in dezelfde kleur, zoals sommige vrouwen die hier dragen. Bevrijd van de kettingen heft de man zijn armen in de lucht en zijn blik is naar boven gericht. De vrouw heeft haar armen om de man geslagen. Ze houdt hem stevig vast. Om de linkerhand van de man bungelt de ketting naar beneden. Het beeld bladdert af maar de boodschap is overduidelijk. Naast het even schrijnende als indrukwekkend monument is een speeltuin. Het is te warm voor de kinderen; alles ligt er verlaten bij.

De indianen, de Arawak, kwamen vierduizend jaar voor Christus uit Venezuela om hier een bestaan op te bouwen. Landbouw zorgde letterlijk en figuurlijk voor brood op de plank. Totdat de Carib-indianen kwamen die een oorlog niet schuwden en de Arawak-indianen uit wisten uit te roeien. De nieuwe eigenaren gaven het eiland de naam Karukera, dat *eiland van het mooie water* betekent. Deze mensen waren de enige die er woonden totdat Columbus eind van de 14e eeuw hier aanlegde en als eerste Europeaan het eiland betrad. Hij herdoopte het eiland naar de heilige maagd Santa Maria de

Guadeloupe de Estremadur. In 1635 kwamen de Fransen naar dit gebied en ontketenden een vijfjarige oorlog. Van de bevolking lukte het maar een paar indianen om aan de Fransen te ontsnappen naar buurland Dominica. Na de Fransen kwamen de Hollanders; als er wat te halen viel waren onze voorouders er vaak als de kippen bij. Enkele honderden Nederlanders vestigden zich op het eiland. Halverwege de 17e eeuw waren zij uit Brazilië verdreven en bouwden een bestaan op in de baai van Flammands. De Nederlanders ontwikkelden de teelt van suikerriet. Maar, een nieuw tijdperk brak aan en de opkomst van de lucratieve slavenhandel was een feit. Tja, de Fransen hadden korte metten gemaakt met de indianen maar de plantages moesten bewerkt worden en daar waren mensen voor nodig. Uit West-Afrika werden slaven* geïmporteerd, alleen het woord importeren zorgt voor kippenvel over mijn lijf, om hier te werken. Dit ging door totdat in 1848 de slavernij werd afgeschaft. De slaven en de indianen die achter waren gebleven, deden gelukkig meer dan alleen maar werken. Circa vijf procent van de huidige bevolking is wit, negentig procent heeft Afrikaanse dan wel indiaanse wortels of een mix hiervan. De rest is een mix van Indiërs, Chinezen en Libanezen. Zo veel verschillen zorgen voor veel variatie in talen, geloven, culturen en folklore. Veel mensen spreken creools, ook een taal die terug te voeren is naar de slavernijgeschiedenis. Een taal die ontstond zodat de tot slaaf gemaakten en hun Franse eigenaren met elkaar konden praten, is het nu een officiële taal die door veel mensen wordt gesproken. Hoewel de grote meerderheid rooms-katholiek is, vormen ook duivels, geesten, bijgeloof en legendes een belangrijk onderdeel in het leven van de inwoners. Als je al deze invloeden met elkaar vermengt, krijg je vanzelf een kleurrijke en gevarieerde stamppot. Een treurige geschiedenis met dit mooie eiland als resultaat. Op de een of andere manier zorgt het altijd voor gemengde gevoelens bij mij.

Trots op de Hollanders uit dat kleine landje aan de zee, die in houten boten alle wereldzeeën bevoeren en dan de afschuwelijke slavernijgeschiedenis die in Nederland voor de Gouden Eeuw zorgde. De geroofde kunstschatten, het kolonialiseren van landen, de oorlogen die ontstonden, mensen die ineens in eigen land vreemdelingen waren. Gelukkig komt er in Nederland steeds meer aandacht voor wat er is gebeurd en hoe dit doorwerkt tot in huidige generaties. Maar, zolang wij het verleden niet in de bek durven te kijken, is er nog veel werk te verzetten. Nederlanders reizen graag en veel. Waar we ook komen, Nederlanders gingen ons altijd voor. Sommige settelden zich in den vreemde, andere trokken verder. Zoals wij zo vaak van andere reizigers horen: 'Jullie Nederlanders komen overal.'
Wij zijn slechts passanten.

*Tot slaaf gemaakt is een letterlijke vertaling van het Engelse *enslaved* en wordt gebruikt om aan te geven dat niemand een slaaf *is*, maar altijd slaaf is *gemaakt*. Daardoor wordt aangegeven dat er ook een dader is, iemand die een ander heeft gedwongen slaaf te zijn. Sommige onderzoekers in Nederland, Suriname en de Antillen geven de voorkeur een het woord tot slaaf gemaakte. Met name in de Verenigde Staten van Amerika wordt dit steeds meer gebruikt. Ook in Nederland hoor en lees je het vaker.

Kruiden en kerken

Met nog een licht tijdsverschil in mijn lijf, ben ik vroeg wakker. Voorwaar geen straf in een land als dit waar het nooit kouder wordt dan 25 graden. Ik ga op ons terras zitten. Een mooi meisje stapt voorbij en groet me vriendelijk, gevolgd door een stevige vrouw die gehaast langsloopt, een stokbrood onder haar arm. Frankrijk is altijd in de buurt. De hibiscusbloemen openen hun tere blaadjes en kraaiende hanen halen het slechtste in me naar boven. Zelfs op een paradijselijk eiland zijn kleine ergernissen, gniffel ik in mezelf. Geen slang in het paradijs, maar hanen. Nou ja, dat zorgt ervoor dat alles wat mooi is, wordt gewaardeerd. Zonder ergernissen geen plezier.

Point-à-Pitre is de hoofdstad van het eiland Grand-Terre en dat houdt vanzelf in dat alle belangrijke gebouwen hier te vinden zijn. Zoals zo vaak is de weg naar onze bestemming een reis op zich. Via Deshaies rijden we de N2 op, richting het zuiden. Op bijna alle verkeersborden worden de plaatsnamen in twee talen weergegeven. Deshaies staat in grote letters bovenaan daaronder in bescheiden, kleine letters staat Déhé. Het creools is na het Frans de meest gesproken taal. Het heeft iets koloniaals dat de Franse taal bovenaan staat en in grotere letters. Het had de overheid gesierd om dit net andersom te doen, maar goed, waarschijnlijk stoort geen mens zich eraan.

De D23 voert ons door de jungle. Het is één grote kluwen van frisgroen woud waar alles met elkaar is verstrengeld. Zelfs erin kijken lukt amper. We hebben tijdens onze reizen veel jungle, regenwouden en bossen gezien, maar een dergelijke groene brij zagen we niet eerder. De weg is prima; af en toe een fietser, een motorrijder of een bromfietser die ervoor zorgen dat we bij de les blijven.

Dat is de bestuurder van een klein, rood autootje duidelijk niet gelukt. Het is alsof een reuzenhand het wagentje heeft opgetild en rechtopstaand in de sloot heeft geplempt. Een rode kers in een wereld van vijftig tinten groen. Het groen maakt plaats voor saaie flats die als blokkendozen aan de rand van de hoofdstad staan. De lucht is grijs, de flats ogen treurig en vormen een groot contrast met de jungle. Airco's hangen als grote puisten aan de muren. De huizen in de binnenstad ogen vrolijker door alle kleuren en blauwe luchten die hier wel te zien zijn. Zelfs de zon heeft de moeite genomen om hier te schijnen.

In een park trekt een groot standbeeld van een man met een uitdrukkingsloos gezicht mijn aandacht. Jan zoekt een parkeerplekje, ik stap uit de auto en maak kennis met Felix Eboue Gouverneur General, die volgens de tekst van 1884 tot 1944 gouverneur is geweest. Dat is erg lang. Zijn gezicht is besmeurd met witte verf, vogelpoep of iemand heeft er net een ijsje overheen gegooid. Op zijn linkerborst hangen wat medailles en andere onderscheidingen. De tekst op de plaquette onder de stenen buste is door de tijd gedeeltelijk weggevaagd. Geschiedenis vervaagt altijd. Het is een saai, stenen beeld van grijs materiaal. Dit in tegenstelling tot de kleding die in de etalage van een damesmodezaak hangt. Veel oranje, veel wit, veel kant en sommige poppen dragen met zwier de geknoopte doeken om het hoofd. Fleurige kleding die in Nederland niet verkocht zou worden.

'Kijk daar eens, daar is een markt,' wijst Jan.
Binnen een paar tellen lopen we ernaartoe en stappen een wereld van kleuren en geuren binnen. Op de Place de la Victoire staan en zitten de dames klaar om hun spullen met een ongekend enthousiasme te verkopen. Gelukkig zijn de tijden veranderd, lees ik in mijn handboek. Tijdens de Franse revolutie stond hier een guillotine en werden er 850 mensen van

hun hoofd gescheiden. De vrouwen die graag hun kruiden willen verkopen zijn prettiger dan bloedspetters, afgehakte hoofden en rondvliegende botjes en spieren. Alles is smaakvol uitgestald. Naast alle kruiden, is ook het aanbod van rum groot en divers. Op dit eiland wordt veel rietsuiker verbouwd, de belangrijkste grondstof voor rum. De vrouwen met hun bontgekleurde geblokte kleding met dito hoofddoeken gaan graag op de foto mits er iets wordt gekocht. Gelijk hebben ze. Vrouwen worden vaak *doudous* genoemd, een koosnaampje voor geliefden. Flessen zijn gevuld met rum en de kurken zijn bedekt met een kleine, geblokt lapjes stof. De verschillende smaken zijn op de flessen geschreven. Lappen stof, asbakken, onderzetters, dienbladen, placemats met vrolijke afbeeldingen van bloemen. Van kokosnoten is van alles te maken als ik zo om me heen kijk. In emmers, plastic bakjes en conservenblikken staan fruit en kruiden opgestapeld. Grijze plastic vuilniszakken zijn bekleed met geblokte stoffen en zitten tot de rand vol met kruiden waarvan ik de meeste niet ken. Onze neuzen, ogen en oren maken overuren. Zo gauw ik langer dan twee tellen stil sta om ergens naar te kijken, komt de verkoopster in actie en ratelt in onverstaanbaar Frans. Kruiden heten hier *giome*, hibiscus en *grains à rousir*. Bij een van de dames koop ik een pakje met zes soorten kruiden en ja, nu gaat ze graag op de foto. In haar oren hangen grote, houten hangers in de vorm van een vrouwenhoofd, die bijna op haar sleutelbenen rusten. Ze kijkt goedkeurend naar mijn oren. We voelen onmiddellijk een band met elkaar. Een vrouw beheert een bloemenstal. De bloemen zijn zo felgekleurd dat ik de neiging heb om er aan te voelen of het geen plastic is. De vrouw maakt ter plekke smaakvolle boeketten.

We lopen de markt weer af en zien een terras waar zelfs cappuccino wordt verkocht. Het is heerlijk zitten en we kijken naar de wereld om ons heen. Het suikerzakje is om mee te nemen naar huis. *Sucre Pure Canne sik a bon kann* komt van het eiland Marie Galante. Er staat een afbeelding op van een man met een bos suikerriet over zijn schouder en een grote hoed op zijn hoofd.

We wandelen rond en passeren een grote kerk, waar de palmbomen mooi passen bij de zachtgele muren. Naast de openstaande deuren staan in nissen grote beelden. Roodgeschilderde roosters zorgen ervoor dat de bovenste ramen afgeschermd zijn. Een likje verf hier en daar zou geen overbodige luxe zijn. Verval in de tropen gaat snel. Het is de Kathedraal van St. Pierre en St. Paul, en draagt dezelfde naam als de kerk in Deshaies. Hij stamt uit 1830. We lopen naar binnen en zien dat er in de kerk ijzeren balken aangebracht zijn zodat het gebouw tegen een stootje kan mocht er weer eens een orkaan langsrazen of een beving die de aarde laat schudden. Houten, ongeriefelijk uitziende banken bieden plaats aan honderden gelovigen. De kerk lijkt te groot voor een bescheiden eiland als Guadeloupe. Voor in de kerk staan grote bloemenstukken. Er zitten een paar vrouwen en een enkele man. Een oude heer is in slaap gevallen; hij helt angstaanjagend ver naar voren. Ik verwacht elk moment een dreun te horen.
Via de buitenwijken rijden we terug naar ons eigen huisje. De woningen die we onderweg zien, zijn een mix van het eiland. Roze huizen, oranje huizen, een vrolijkheid waar de Nederlandse welstandscommissie een rolberoerte van zou krijgen, maken dit eiland tot een blij eiland. Een klodder Frans gemixt met een vleugje Caraïben. De flats variëren van treurig tot netjes. Soms goed in de verf en af en toe hangen er plantenbakken en gordijnen. Struiken staan vol in het blad en bloemen lichten het groen op. Op de balkons staan tafels en stoelen. Aan de randen van de stad weer grijze flats. Armoede is goedkoop, armoede is grauw, zelfs op een eiland als Guadeloupe.

Kerkhof met een blokje

Ik hoor een claxon en zie de rijdende bakker voor ons huis staan. De bakker annex chauffeur zit relaxed achter het stuur, het brood ligt naast hem. Met minimale inspanningen kan hij datgene pakken dat de klant graag wil hebben. Een papiertje erom en via het openstaande raam krijg ik een knapperig stokbroodje. Verderop in de straat staan de vrouwen op hem te wachten. Ik loop de straat verder in. Een van de bananenbomen heeft een indrukwekkende kam vol bananen. Er loopt een man voorbij die een kruiwagen vooruit duwt waar minstens zo'n grote kam bananen in ligt. De man kijkt nieuwsgierig naar mij. De regen van vannacht heeft alles extra opgepoetst en het groen is nog groener dan groen. Het moet ook allemaal weer verdampt worden, denk ik.

Het is druk op de weg en de meeste chauffeurs vinden het opvallend prettig om dicht op de auto voor hem of haar te rijden. Jan rijdt niet snel en gaat regelmatig opzij om anderen te laten passeren. Hij heeft er een hekel aan wanneer andere weggebruikers 'dicht op de kont rijden,' zoals hij dat noemt. Na ruim twintig minuten rijden we Point-Noire binnen, waar Jan de wagen voor een open boulangerie-patisserie parkeert.
'Zij zullen vast koffie hebben,' is zijn mening.
Het zwarte logo zou ik eerder bij een motorclub verwachten dan bij een bakkerij annex lunchroom. De La Reberdiere heeft de vitrines vol liggen met broodjes, zoetigheden en er is koffie. Het zwarte vocht in papieren bekertjes smaakt beter dan het eruit ziet. De muur van het nabij gelegen houten huis is een plaatje. Met paintbrush is er een knappe creoolse vrouw met een brede lach, grote gouden ringen in haar oren en de vertrouwde geknoopte hoofddoek om haar hoofd op geverfd. Het dak van golfplaten is verroest en benadrukt de schoonheid van de vrouw. Op de zijkant is een blauwe molen

afgebeeld. Natuurlijk ga ik er onmiddellijk vanuit dat dit door de Hollandse invloed komt. Grote korenhalmen omringen de molen; zijn functie is hiermee duidelijk. We zijn op weg naar La Moule, ik denk niet dat *moule* molen betekent maar ik zie enige verwantschap. Het moet een mooi stadje zijn met een dito plein; alle reden om ernaartoe te gaan.

'Er moet hier ook ergens een kerkhof zijn waar bijna elk graf zwart-wit geblokt is. Ik weet niet waar, maar ik heb erover gelezen,' zeg ik tegen Jan. 'Oh, ik heb het al gevonden,' en wijs enthousiast naar rechts.
Jan parkeert de wagen en we lopen naar de begraafplaats, waar enkele mannen bezig zijn om alles nog netter te maken dan het al is
'Mogen we foto's maken?' vraag ik.
'Jazeker mag dat. Loop even door naar boven dan hebben jullie een prachtig uitzicht,' gaat de man op een vriendelijke toon verder.
Morne-à-l'Eau is een vissersplaatsje en het kerkhof draagt dezelfde naam. In het begin van de 19e eeuw heeft men hier het Canal des Rotours aangelegd, zodat het dorp een verbinding met de zee kreeg en zo creëer je een vissersplaats, denk ik er achteraan. Het complex - begraafplaats dekt de lading bij lange niet - is aangelegd in de vorm van een amfitheater en de graven liggen of staan als blokkendozen op het terrein. Zwart-wit geblokt overheerst. Af en toe staat er een ander kleurtje tussen. Veel graven zijn familiegraven en vormen zo de laatste rustplaats van hele generaties. Oude graven, nieuwe graven, herbergen oude mensen en jonge mensen. Plastic bloemen sieren veel graven. Foto's van dierbare overledenen geven iets prijs. Het graf van de familie Zebre vraagt om onderhoud. Op een ander graf staat een plastic naaimachientje, liggen klosjes garen, een schaar, een meetlint en een dameshoed. Sommige gestapelde exemplaren zien eruit als kleine flatgebouwen. Veel graven zijn bedekt met tegels

en dat is een heet land als dit ook praktisch. Zon, wind, regen, aardbevingen en stormen hebben invloed op alles dat hier staat.

We wandelen helemaal naar boven en hebben inderdaad een schitterend uitzicht over het kerkhof en het dorpje. Ik vind het altijd iets ontroerends hebben wanneer de doden zo dicht bij de levenden worden begraven. De dood hoort bij het leven en moet niet weggestopt worden aan een donkere laan waar het somber is. Zo krijgt iedereen hier haar of zijn laatste rustplaats op het toneel, in een mooi theater, omringd door het dorp. De zon verzacht alle pijn, palmbomen geven de dodenstad schaduw en plastic bloemen laten herinneringen achter.

Le Moule

La Moule heeft niks met molens te maken, geen idee waarom ik dit dacht. Het betekent mossel. De reiziger is weer een illusie armer. Een buste van een vrouw op een metalen paal trekt mijn aandacht. Zo vaak zien we geen stenen dames en we lopen naar de licht afbladderende en wat groen uitgeslagen vrouw toe. We maken kennis met Gerty Archimede, geboren in 1909 en overleden in 1980. De plaquette onder het beeld leert ons dat zij de eerste advocaat in Guadeloupe was. Ze kijkt stevig uit haar ogen. Ik zou zonder aarzeling mijn lot in haar handen hebben gelegd, mocht ik een advocaat nodig gehad hebben.
Ook in La Moule valt het niet mee om een fatsoenlijke cappuccino te scoren. Het is vier uur, het wordt tijd en dan lukt het om twee bekertjes koffie te krijgen. Ik weet de vrouw duidelijk te maken dat ik graag melk wil. Zij weet me duidelijk te maken dat ik dat direct had moeten zeggen. Suiker wordt standaard bij de koffie geserveerd maar melk moet apart worden besteld en kost extra. Ons gesprek verloopt moeizaam. Ze vindt me een lastige klant en snapt niet dat ik het niet snap, haar lichaamstaal is overduidelijk, daar zit geen woord Frans bij. Ze geeft me een kannetje warme melk en wuift me weg als een lastige vlieg. Ik doe mijn portemonnee weer in de tas en ga buiten zitten om te genieten van de koffie. Ik heb het dik verdiend. Hoe zoiets simpels als koffie bestellen ineens een uitdaging kan worden.

We wandelen de stad verder in en onze neuzen pikken de geur van vis op. De visslager slaat met een groot mes geroutineerd de kop van een groot dier en plempt hem in een emmer.
'Wat is dat voor soort?' vraag ik.

De man wijst naar een groot stuk papier waar dorade opstaat. Het kost tien euro per kilo. Dorade? Het zegt ons niks. Met een minzaam knikje staat hij me toe om een foto te maken.*

In de 18e eeuw was deze stad dé stad voor de uitvoer van rum en suiker. Nu zijn het de winkeltjes en de bakkerijen die elkaar afwisselen. Dat het grote plein tot een van de mooiste pleinen van dit land behoort, neem ik onmiddellijk aan. Zoals het een goed plein betaamt heeft het een stadhuis en een kerk die het beeld bepalen. Dit keer is het Johannes de Doper die zijn naam aan een kerk heeft gegeven. De hardblauwe deuren laten het verweerde, grauwe gebouw oplichten. In de nissen staan geen beelden. Er zijn twee klokken die beide de juiste tijd aangeven. Op de kerktoren staat een haan te staan. Op het stadhuis wappert de Franse vlag. Ik blijf het merkwaardig vinden om deze driekleur in de Cariben aan te treffen. Het zachtgeel met aquablauwe gebouw ziet er fris uit en zou perfect in een Disney-park passen. Het lijkt in nergens op een Hotel de Ville, zoals hier een gemeentehuis heet. Boven de ingang weer de woorden *liberté, egalité, fraternite.* Het blauw gaat over in de blauwe bloembakken die een mooi contrast vormen met de groene palmbomen. Alles ziet er schoon doch ietwat vervallen uit. Auto's staan keurig langs de weg geparkeerd.

Ook hier een standbeeld om de kinderen uit La Moule te herdenken, die in de Eerste Wereldoorlog zijn omgekomen. Een oorlog waar zij niet voor gekozen hebben en waar ze geen invloed op hadden, maar met hun leven hebben betaald. Het beeld van een soldaat - met de armen over elkaar geslagen - kijkt met een uitdrukkingsloos gezicht voor zich uit. Welke gelaatsuitdrukking moet je een beeld meegeven dat het leed van zo veel mensen moet vertolken?

De vrolijke kleuren blijven me gelukkig blij maken. Zoals dat hardroze huis met gifgroene deuren en een verroest dak van golfplaten dat weer naast een oranje woning staat met groene en roze deuren. De verf bladdert af, de gele houten deuren en luiken zijn gesloten. Het ziet er prachtig uit. Houten woningen zijn bijna altijd creoolse huizen. De begane grond is van cement en beton, de eerste en eventuele meerdere verdiepingen zijn van hout. We wandelen verder en staan stil op de hoek van de Rue Jeanne Dárcon - Rue La Republique. Varens groeien tussen, langs en op de elektriciteitskabels die als dropveters overal doorheen slingeren. Lopend passeren we een muurschildering van een prachtige bruine vrouw. Ze blaast door een glazen bol een regenboog de wereld in. Grote ringen in haar oren, sieraden om haar hals en pols en een brede, oranje band moet haar grote bos met zwart haar in toom houden.

De stadsmuren zien er goed onderhouden uit. Het is gebouwd in 1807. Het staat als een boog tussen de zee en het vaste land. De openingen die er her en der in zitten, bieden mooie doorkijkjes. Een groot rieten hart staat ter decoratie op een punt. De betekenis ervan ontgaat ons, maar het levert een leuke foto op en dat is wat waard. Alles hoeft toch geen functie te hebben? Al met al een prima plek om onze meegebrachte broodjes op te eten. De muren zijn op sommige plekken overwoekerd met alles wat maar wil groeien en dat is hier veel. Tja, als er ergens ruimte is - zelfs als er geen ruimte is - perst het groen zich er tussendoor. Het is een bouwwerk dat ik eerder in Griekenland zou verwachten dan hier op een tropisch eiland. Het maakt het reizen door een land als Guadeloupe extra leuk. De foto's die we maken zien eruit als ansichtkaarten.

Er rijdt een vrachtwagen voorbij die rum vervoert. De vrachtwagen heet King Apache en wordt bestuurd door een vrouw, die zonder zichtbare inspanning het gevaarte door de straten weet te manoeuvreren. Een indiaan met een verentooi, boog en een afbeelding van een adelaar met een grote, gele snavel sieren de cabine.

Om twaalf uur gaat de siësta in, worden de paspoppen als een rij voor de ingang van de winkels gezet als teken dat de zaak is gesloten: het land gaat een dutje doen om rond half vier weer wakker te worden. De groenteboer denkt er anders over en houdt de winkel open. In kartonnen dozen in zijn winkel liggen onbekende gele, groene en oranje producten naast rode uien en verschillende soorten wortels. De paprika's, de rode pepers, de boontjes en de groene bananen ken ik. Maar wat zijn maracuja? Het kost 4,99 euro per kilo. Het lijken wel aardappelen; er zitten veel bruine plekjes op.**

In een andere doos ligt geïmporteerd fruit; het lijkt wel sierfruit en heeft een schil die op de huid van een krokodil lijkt: hobbelig en knobbelig. Ik koop een groot stuk watermeloen - waarvan ik weet wat het is en hoe het smaakt - van minimaal een kilo. Hoe zwaar was de meloen dan wel niet?

* De dorade, in Nederland bekend als zeebrasem, is een vis die zowel in zoet als in zout water kan leven. De vis is te herkennen aan de ronde vorm en kan zo'n dertig tot veertig centimeter lang worden. Het dier heeft een lange rugvin en elf stekels.

**De maracuja is het gele zusje van de passievrucht maar zoeter van smaak en gezond. De schil ziet er wat leerachtig uit.

Zwart zand, rode daken en blauwe luchten

Het leuke van ergens langere tijd op dezelfde plaats verblijven is dat je de buurt een beetje leert kennen en de buurt jou. Tegenover ons zit de buurvrouw graag buiten en kijkt geïrriteerd wanneer er te veel auto's dicht bij haar worden geparkeerd. De ene buurman gooit opmerkelijk veel in de vrolijk gekleurde vuilnisbakken en groet ons altijd vriendelijk. Ik herken de claxon van de rijdende bakker en weet de buitendeur steeds makkelijker van het slot te krijgen.

Jan kent de weg op zijn duimpje en binnen een half uur zijn we in Pointe-à-Pitre, waar de deuren van de patisserie uitnodigend openstaan. Mensen wachten rustig op hun beurt. De keuze is groot, ik zoek twee broodjes uit en bestel koffie. De vrouw doet alles in een zak die door de caissière weer opengemaakt wordt zodat ze kan zien wat ik moet betalen. Zakjes met een venster zijn in dit land niet aangekomen. Ik ben weer de melk vergeten te bestellen. Grr. De vrouw kijkt me opnieuw geïrriteerd aan. Wanneer ik naar haar toe wil lopen word ik weggestuurd. Het is niet de bedoeling dat klanten achter de balie komen. Ik wil alleen maar helpen. Haar boodschap is duidelijk. Ik betaal bijna een euro voor een klein kannetje warme melk. We gaan buiten zitten om te genieten van ons ontbijt en het leven dat aan ons voorbij trekt. Een statige vrouw, bril op haar neus, een blauw-witte doek die perfect past bij haar blauw-wit geblokte jurk als een tulband om haar hoofd geknoopt, loopt voorbij, bedenkt zich, loopt terug en maakt een praatje met een kennis. Een haveloos geklede man sjokt langs. In zijn camelkleurige broek, paarse trui en met een hardroze plastic tas in zijn handen, krijgt zelfs armoede hier een kleur. De man gaat op een stapel pallets zitten, opent de tas en peutert zijn ontbijt eruit.

Een streng kijkende mevrouw, zonnehoed op haar hoofd, tasje onder haar linkerarm, ziet eruit alsof ze naar de kerk gaat en daar secuur de financiën beheert. Er stopt een grote vrachtwagen die ladingen geconcentreerde melk komt afleveren. Op de achterkant van de wagen is een mooi, popperig uitziend meisje afgebeeld; ze kijkt lief lachend de wereld in. Ze houdt een blikje melk in haar handen. Gouden kettingen om haar hals en ringen in haar oren. Een hoofddoekje van geblokte stof om haar hoofd; vrouwen en meiden hebben hier duidelijk een voorkeur voor stoffen met een blokje. Ik zie de blokjes overal, in de jurken, de tafelkleedjes, als bescherming voor flessen. Veel geel en oranje.
Ik loop naar de winkel naast de patisserie, met huishoudelijke producten zoals schoonmaakartikelen, potten en pannen. Zelfs de poetsdoeken en de bezems zien er vrolijk uit. Paarse poetsdoeken en oranje-groen bezems; het maakt het schoonmaken net wat leuker. In een grote standaard hangen diverse rollen met tafelzeil. Zou dat in Nederland nog verkocht worden, vraag ik me af. De kaarten in de standaard geven alles weer wat dit eiland te bieden heeft. Ik draai de kaartenmolen rond en het eiland draait in al zijn schoonheid aan mij voorbij. Sommige kaarten hebben de vorm van een fles. De ogen verzadigd en met een gevulde maag gaan we richting het strand.

'Wil je daar stoppen, wat een opvallend verkeersbord,' wijs ik naar rechts.
Een driehoekig bord met een groot uitroepteken. Op het bordje eronder lees ik 'Chute de palmes' waarvan we beiden vermoeden dat het bedoeld is om de weggebruiker voor vallende palmtakken te waarschuwen. We kunnen weer een mooie foto aan onze verzameling toevoegen. Onbewoonbaar verklaarde houten huizen staan dichtgespijkerd langs de kant van de weg. Wanneer alles omringd wordt door heldere luchten en heen en weer wiegende palmbomen zit er schoon-

heid in oudheid. De rode, verroeste daken van golfplaat zorgen voor kleur. Soms hangt er een wasje en dat geeft ons de indruk dat er toch mensen wonen. Via Mariegold, Trois-Rivières en door het plaatsje Roussel - de creool zal zeggen Wousèl - komen we eindelijk bij het zandstrand van Plage de Grande Anse. De plaats is bekend om zijn zwarte strand. Het is een beschermd natuurgebied lees ik op een bord. Zou dat nu zijn omdat zwart zand zo bijzonder is? Schoonheid kan ik er niet in ontdekken. Het ziet er onaantrekkelijk uit. Het belet een paar vrouwen niet om er lekker op te gaan liggen. Het uitzicht is echter weergaloos mooi. Een houten bootje ligt als decoratiemateriaal op het strand. De blauwe zee, de blauwe luchten, de witte boten die zachtjes deinen in het water, de wiegende palmbomen en bizar grote cactusplanten die stevig zijn vergroeid met de rotsige omgeving; het maakt deze plek tot een perfecte plek voor onze lunch. Op de hoedenplank stal ik alles uit wat we vanmorgen klaar hebben gemaakt. Zo zorgen onze koffiebekers, de blauwe thermoskan en de rode stukken meloen weer voor een kleurige maaltijd.

De tekst op een van de borden waarschuwt de bezoeker om het mooie Guadeloupe mooi te houden en om hier geen afval te dumpen. Niet iedereen begrijpt deze tekst als ik zo om me heen kijk. Frans is zelfs voor Franstaligen een lastige taal. We laten geen rommel achter en vervolgen onze reis via de D6 en Vieux-Forte naar Basse-Terre.

En we noemen hem Fort Louis Delgrès

Ineens doemt er een grote muur op. Een fort? Een verdedi-
gingsmuur in de tropen? Dat prikkelt mijn fantasie. Jan rijdt
ernaartoe en zo maken we kennis met Fort Louis Delgrès. Ik
blader door mijn reisboek en lees dat het in 1650 werd
gebouwd om de hoofdstad Basse-Terre te beschermen en
kreeg het zijn eerste naam Fort Houël. Tegen wie en waarom
het beschermd moest worden, wordt niet vermeld. Het is een
indrukwekkend fort dat er top uitziet. Jan parkeert de auto en
over een prima aangelegd pad lopen we het vijf hectare grote
terrein op.

'Jullie mogen gratis veertig minuten naar binnen,' zegt de
vrouw bij de ingang en geeft ons een Engelstalige brochure.
Hoe ga je dat in vredesnaam controleren denk ik. Het is heet
en hoe mooi en indrukwekkend het ook is, hier gaan we geen
uren rondlopen. Het zeewater klotst het strand op en af en is
de enige getuige van wat zich hier lang geleden heeft afgespeeld. Een grote, zwartgrijze kop staat prachtig op de stenen
grond, omringd door dezelfde stenen waar de kop van is
gemaakt. De man kijkt met een wijze blik de wereld in. Zijn
hoofd bestaat uit meerdere losse stukken en kleine lijntjes
verbinden de onderdelen met elkaar. Alsof een plastische
chirurg aan het werk is geweest en de tijd nog niet alle lit-
tekens heeft weggewerkt. Het stenen kapsel strak achterover
gekamd. Het doet ons denken aan de beelden die we lang
geleden in Angkor Wat, Cambodja hebben gezien. Het ligt er
ronduit idyllisch aan de Caribische Zee. Het lijkt alsof de
zon, de regen, de cyclonen en de aardbevingen geen invloed
hebben op dit grote bouwwerk. Er is in de loop van de tijd het
een en ander bijgebouwd, lees ik. Er kwamen ondergrondse
ruimtes, kerkers en zelfs tanks werden er in de vorige eeuwen
bijgeplaatst.

Het fort wisselde nogal eens van naam. Dan kan Shakespeare wel zeggen *what's in a name*, nou blijkbaar veel. Tja, toen kwamen de Britten die het fort diverse keren aanvielen waar het beschadigd uitkwam. Uiteraard namen ze geen genoegen met een dergelijke Franse naam. De Britten hielden het tot twee keer toe een aantal jaren bezet en in het begin van de 19e eeuw kreeg het de naam Fort Royal. Niet voor lang lees ik. Ondertussen heb ik mevrouw Google erbij gepakt om meer te weten te komen over deze stenen meneer en de daarbij behorende geschiedenis.

In de jaren zestig van de 18e eeuw werd het weer teruggegeven aan Frankrijk. Tijdens de Franse revolutie werd aan het eind van de 18e eeuw de slavernij afgeschaft. Louis Delgrès, geboren op Martinique had een witte vader en een zwarte moeder. Hij deed het goed in het Franse leger en werd begin van de 19e eeuw gepromoveerd tot kolonel. Hij kreeg de opdracht om Napoleon te ondersteunen, die in zijn wijsheid had besloten om de slavernij weer in te voeren. Dit weigerde Louis en dat zorgde ervoor dat generaal Richepanse naar Guadeloupe werd gestuurd om orde op zaken te stellen. Hij maakte korte metten met de opstandige Louis en zijn driehonderd soldaten; zij werden uit het fort verdreven. Delgrès en zijn mannen vluchtten naar een plantage waar ze massaal zelfmoord pleegden door hun voorraad buskruit aan te steken. De slavernij werd weer ingevoerd en generaal Richepanse gaf zijn naam aan het fort.
Andere tijden geven andere inzichten. In 1989 besloot de General Council dat het fort de naam moest dragen van iemand die zijn leven voor zijn idealen en zijn land had gegeven en daar kwam maar een man voor in aanmerking: Louis Delgrès. Het fort draagt de naam met trots en ik vind de grote kop van meneer Louis uitstekend tot zijn recht komen. Het beeld is aan het begin deze eeuw - aha, dat verklaart waarom alles er zo spic en span uitziet - gemaakt om de tweehonderd-

ste verjaardag van de opstand van Guadeloupe te herdenken. Wat een indrukwekkend verhaal. Het maakt een Frans tropisch eiland ineens tot een land met een eigen geschiedenis. Het brengt het verleden tot leven, tot verhalen die ik kan behappen. Grote kanonnen - gericht op de zee - staan uitgeschoten op het terrein en zijn een tastbaar bewijs van iets dat is geweest en hopelijk nooit meer terugkomt. Het uitzicht is vredig, witte boten dobberen op het blauwe water, kleine wolken drijven voorbij en palmbomen ritselen. De natuur geeft niks prijs van wat zich hier lang geleden heeft afgespeeld.

Schilderachtige muren

De portemonnee ligt klaar, de sandalen zitten aan mijn voeten en met de oren wijd open wacht ik op de claxon van de thuisbakker. De vorige keer was ik te laat. Ik liep op blote voeten en het is geen optie om blootvoets deze straat van ruw, puntig asfalt op te lopen. Ik ben tot in de puntjes voorbereid. De overburen hebben de witgeverfde met roze strepen luiken openstaan. Het huis ziet eruit als een groot poppenhuis. Op de tafel buiten staat op de witte tafel een gifgroene bloempot met bijpassende roze en witte rozen.
Yep, ik hoor de claxon. De bakker zit, als was hij een bekend acteur die stiekem een bijbaantje heeft, incognito achter het stuur van de kleine bestelwagen. Pet, zonnebril, naast hem een grote bak met *pain* en baguettes en in een doos liggen platte croissants. Met minimale inspanning, strak voor zich uit kijkend, pakt hij met zijn rechterhand de broodjes. Voor een paar centen heb ik een baguette en twee croissants. De boulangerie aan huis, daar kan een mens snel aan wennen. Op de zijkant lees ik dat het bedrijf Boulangerie Nestor et fils heet en dat ie helemaal uit Sainte-Rose komt. Een familiebedrijf dus.

Jan klikt de telefoon in het dashboard, ik wist niet dat het bestond. Naast het stuur is een klein vakje, klepje naar boven en hoppa de telefoon past er perfect in. Google Maps erop en rijden maar. Kleuren zijn overal, zelfs de brievenbussen die schots en scheef aan de kant van de weg staan en zo de indruk geven dat er in het binnenland meerdere huizen staan. Sommige puilen uit van de reclamefolders, die door de regen en de zon versmolten zijn tot dikke klonten papier die als snot uit de bussen hangen. Via Deshaies rijden we naar Pointe-à-Pitre, waar aan de kant van de weg een grote vrachtwagen half in de berm en de sloot staat. Er wordt een zware lading gedropt en er is niks engs aan de hand.

We rijden de stad binnen waar de zandkleurige flats met subsidie van de EU zijn gebouwd lees ik op een bord. De flats zijn saai maar de muurschilderingen zijn geweldig. Ze tillen de buurt uit de armoedig aandoende omgeving en stoere vrouwen en meiden kijken ons vanaf de muren aan. Jan zoekt een plekje waar de auto kan staan zodat we in alle rust rond kunnen kijken. We zien een meid met een eigenaardige blik in haar ogen, haar kin rust op haar handen en haar haar staat als een punkkapsel uit de jaren tachtig recht overeind. Een meid waar niet mee te spotten valt. Heerlijk. Een prachtige vrouw, met een blauw en een grijs oog, mooie sieraden om haar hals en in haar oren, is ronduit een plaatje. Maar het meisje met haar vinger in haar neus steelt wat mij betreft de show. Bijen zwermen om haar hoofd en een woest uitziend afrokapsel bedekt haar hoofd. Haar blauwe truitje heeft exact dezelfde kleur als haar blauwe ogen. Duidelijk een meid die zich door niemand de les laat lezen. Een bruine hand draagt de wereld waar een boom uit groeit. Wat zijn we onverwacht op een mooi feestje beland. Hoewel ik de indruk heb dat de inwoners het allemaal best vinden. In Nederland zouden we zeggen, weer zo'n project door Den Haag bedacht waar niemand om heeft gevraagd. Deze bezoeker wordt er blij van. Verderop staan vier pinguïns te koukleumen op de muur in de tropenzon. De dieren dragen een medaille om hun nek. De betekenis ervan ontgaat ons. Een giraffe met oorringen voelt zich helemaal senang op een houten wand. Een zo te zien bouwvallige woning, de roze luiken gesloten, laat een deel van een vrouwengelaat zien waarin twee groene ogen strak de wereld inkijken. Ik loop langs een grote geparkeerde Hiluxwagen, de klep staat open en een man zit er bovenop. Het is een grote, forse man met een groen petje stevig op zijn hoofd en een gestreept shirt spant om zijn dikke buik; hij kijkt stoïcijns de wereld in. Gelukkig is de Hilux een bijzonder stevige wagen die tegen een stootje kan. Wij zoeken onze eigen auto weer op en rijden verder.

Tijd voor een cappuccino en dat is tot nu toe een uitdaging op dit eiland - waar espresso duidelijk populairder is - en belanden op een terras. Cappuccino? hoor ik de man denken. Zijn gezicht klaart op, aha, er schiet hem wat te binnen. We gaan zitten en laten ons graag verrassen. Hij komt terug en zet een dienblad met twee bekers voor ons neer en kijkt ons trots aan. De koffie gaat volledig schuil onder een dikke klodder slagroom met kleine stukjes chocolade. Iets dat met zo veel zorg is klaargemaakt smaakt bij voorbaat lekker. Ik lepel alles met smaak op; de man knikt goedkeurend. We hebben genoeg energie om de reis te vervolgen richting Pointe des Châtaux dat op het meest oostelijke puntje van Grand-Terre ligt.

Bij Plage de Bois Jolan staan picknicktafels; de perfecte plek voor de lunch. De koelbox wordt intensief door ons gebruikt en ik stal de inhoud uit op een van de tafels. Er komen drie oudere dames - zwemspullen in de handen - aan lopen, die gezellig aan het kletsen zijn en geen oog voor ons of de omgeving hebben. Voordat we onze lunch op hebben komen de dames - nog steeds kletsend - teruglopen. De zwemspullen ongebruikt onder de arm.
Ik ruim alles op en we gaan verder naar de haven, waar hard wordt gewerkt. Er liggen tientallen bootjes aan de kade; de vangst van vandaag wordt verwerkt. Op een wankele tafel liggen grote schelpen netjes gesorteerd naast elkaar. Niet iets om te kopen of om mee te nemen naar huis. Ik denk dat het zelfs verboden is om dit mee te nemen. Een dikke man, die te veel van zijn blote buik en dito billen laat zien, laat een groen vissersnet door zijn handen glijden om te zien of het ergens gerepareerd moet worden. Het werk vergt al zijn aandacht.

Er staat een babyblauwe foodtruck op de kade waar een vrouw met grote ringen in haar oren, een hoofd vol rossige krullen en een lieve lach op haar gezicht, de scepter zwaait. Jazeker, heeft ze een koel drankje voor ons. De wielen van haar truck zijn platter dan plat en een cementen blokken dienen als een trapje om bij de toonbank te kunnen komen. Foodtrucks heten hier *lolos* en zijn gezellige, kleine restaurantjes waar je een snack, een drankje of een volledige warme hap kunt eten. We zoeken een plekje op onder het grote, blauwe plastic dak dat rust op een constructie van metaal. Her en der staan stoelen en tegen de lolo staat een oude autostoel die hier zijn laatste rustplaats heeft gevonden. Even wat drinken voordat we verder reizen naar Pointes de Châteaux waar de ruige kustlijn van een buitenaardse schoonheid is. We rijden verder en arriveren eindelijk op het oostelijke punt: Pointe des Châteaux (Pwenndéchato). Het is een geliefd natuurgebied maar het is het grote, witte kruis dat de aandacht trekt. Er loopt een smal pad naartoe. Het kost me geen enkele moeite om dit te negeren. Zo op het heetst van de dag ben ik een fan van minimale inspanning. Mijn ogen gaan als vanzelf naar twee dikke dames, die de ene na de andere selfie maken. De kleren spannen om hun indrukwekkende billen. Op afstand kan ik het prima bekijken. Het azuurblauwe water wedijvert met de blauwe hemel. Vanaf de kust kijken we naar de eilanden La Désirad, Petit-Terre en Marie-Galante. Het grote kruis overziet alles en heeft nergens een mening over.

Gandhi en molens

Ongeveer tien kilometer vanaf het oostelijke punt ligt het vissersdorp Saint-François. Het dorp is halverwege de 17e eeuw gesticht door een Franciscaner missie en nu is het een geliefde badplaats. We rijden langs een grote golfbaan waar niemand aan het spelen is; het is te warm. Grote, luxe hotels en een grote Indiase gemeenschap moeten hier zijn, lees ik. Weer zoiets dat ik niet op dit eiland had verwacht. Toen de slavernij werd afgeschaft bleef het werk liggen en moest men op zoek naar nieuwe arbeiders. Die werden uit India gehaald. Zij werkten op de velden en in de industrie. De Indiase gemeenschap is in deze stad groot. Ergens in de stad moet een standbeeld van Gandhi staan; dat willen we graag zien. Soms zit het mee. Op een drukke rotonde zien we het beeld.
'Parkeer de auto maar even, dan loop ik ernaartoe. We kunnen hier niet op de weg stil gaan staan,' zeg ik.
Het is dat ik weet dat het Gandhi is, anders had ik de kleine man niet herkend. Stok in de hand, voeten in slippers gestoken en de bekende doek als een deken om zijn lijf geslagen. Het kleed is ooit oranje geweest. Regen, zon en wind hebben alles doen vervagen. Hij heeft opvallend grote oren. De rotonde is goed onderhouden, volop bloemen en het gras is netjes gemaaid. De vierkante sokkel waar het beeld op staat is met gaas bekleed. Weer een boeiend verhaal waar we absoluut niets van afwisten. Het eiland weet ons telkens te verrassen.

De volgende verrassing is een molen onder de brandende zon. Wat een plaatje. Weer een reden om te stoppen, om uit te stappen, om alles wat beter te kunnen bekijken.
'Ik blijf in de auto zitten als je foto's wilt maken,' zegt Jan die de koelte in de wagen verkiest boven de bloedhitte buiten.

De palmbomen zijn het bewijs dat we echt in de tropen zijn en niet ergens op het Nederlandse platteland. Potten zijn gevuld met kleine palmbomen. Rondom de molen is alles betegeld en brandschoon. De traliedeur staat open en ik loop naar binnen, waar drie vrouwen zitten.

'Ja hoor, je kunt naar boven lopen,' zeggen de vrouwen en dat is niet tegen dovemansoren gezegd.

Ik loop voorzichtig de houten wenteltrap met roze leuningen op. Alle ziet er wiebelig uit. Boven heb ik een ruim en weids uitzicht over de omgeving. Er staan grote bloemstukken en banken om te zitten. De ramen staan wagenwijd open. Het blijkt dus dat wij Hollanders niet het alleenrecht op molens hebben. Op het eiland Marie-Galante moeten er ooit honderden hebben gestaan. Molens die vroeger werden gebruikt om het suikerriet te verwerken zijn nu een attractie. Tevreden loop ik naar beneden waar Jan geduldig op me heeft gewacht.

'Kijk, ik mocht helemaal naar boven om foto's te maken,' en laat de opnames zien.

'Ah, als ik dat had geweten…,' klinkt het naast me.

'Je mag de foto's gebruiken voor je PowerPoint hoor, daar doe ik niet moeilijk over,' zeg ik ruimhartig.

Blokjes uit Madras

Terwijl ik in de koelte van onze kamer met de airco op standje 25 aan het rommelen ben om alles klaar te maken voor een dagje eiland, is Jan buiten, standje 32, druk in de weer om een kolibrie op de foto te krijgen. Mijn missie heeft alle kans van slagen. Jan's missie kent meer uitdagingen. Ik zie iedere keer wat bewegen maar geen man die enthousiast een foto van een kolibrie laat zien. Soms vermaken we ons op onze eigen manier.

'Zullen we door Deshaies rijden? Stel je voor dat het gebouw dat doorgaat voor het politiebureau van Honoré open is. Zou leuk zijn om dit van binnen te bekijken,' zeg ik
We blijven ons er beiden over verbazen dat er hoegenaamd niks te vinden of te zien is van de populaire serie *Death in Paradise*. Nergens een verwijzing. Geen bordjes dat er op bepaalde plekken scenes opgenomen zijn. Geen menukaart met moordachtig lekkere gerechten. Zelfs Catherine's Bar heet in het echt La Madras. Een argeloze reiziger zal niets vinden, niks herkennen.
'Oh, kijk eens, er staat een deur open. Misschien hebben we mazzel,' zeg ik wanneer we het kleine stadje inrijden.
Jan parkeert de wagen op het inmiddels voor ons vertrouwde terrein en ik loop snel naar boven. Drie vrouwen kijken vriendelijk op wanneer ze me ineens in de deuropening zien staan. Oeps, ik verontschuldig me en loop terug naar de auto. Zo las ik ergens dat dit politiebureau alleen aan de buitenkant een politiebureau is en dat de binnenkant in werkelijkheid de werkkamer van de pastoor is. Dat geloof ik direct maar ik had het graag zelf gezien. Zou de zo goed als totale afwezigheid van alles wat naar de serie zou kunnen verwijzen met rechten te maken hebben? Zou de BBC, die deze serie maakt, alles zo strak onder controle houden? Nu weet ik uiteraard dat het

gefingeerde eiland Saint Marie voor de kust van Guadeloupe ligt, maar zo goed als alles wordt hier gefilmd op Basse-Terre. Veel locaties worden vanuit verschillende manieren gefilmd zodat het iedere keer anders lijkt en dezelfde opnames kunnen zo diverse keren gebruikt worden voor verschillende scènes. Mevrouw Google geef meer prijs dan het eiland. Jan draait de wagen en we gaan naar het hotel waar de crew overnacht. Wij gaan niet voor de acteurs maar we gokken erop dat hier zomaar een fatsoenlijke cappuccino te koop is.

Het Langely Fort Royal Hotel lijkt eerder op een gevangenis dan op een viersterren hotel. Het is een grijs betonnen blok en heeft beslist geen sterallures. We rijden het hotelterrein op, waar voldoende ruimte is op de grote parkeerplaats en gaan eens kijken waar een koffie te krijgen is. Het hotel is alleen een hotel, zonder een pasje of iets dergelijks kom je het gebouw niet binnen. Het gaat ons om de koffie.
De receptie ligt ernaast. De barman spreekt geen woord Engels maar het bekende cappuccino-apparaat maakt duidelijk dat er een cappuccino te bestellen is. We gaan buiten zitten. Ik kan niet zeggen dat dit nu het meest gezellige terras van het eiland is. Terwijl de barista bezig is, loop ik de souvenirwinkel binnen. Wie weet zijn er oorhangers te koop. De man achter de toonbank praat zowaar wat Engels. En er zijn oorhangers, soms heb ik mazzel.
'Ik kom zo terug eerst aan de koffie,' zeg ik en loop naar Jan waar de koffie inmiddels op de tafel staat.
Het is cappuccino in een simpele, witte kop, een plastic lepeltje ernaast, weinig schuim en een beetje chocoladepoeder erop. Ik had mijn verwachtingen reeds naar beneden bijgesteld en roer enthousiast wat suiker door de koffie.
'Mag ik vragen waarom er op het eiland zo goed als niks te zien van *Death in Paradise*?' vraag ik aan de man, blij dat ik iemand tref die een paar woorden Engels spreekt.

'Ik ben met de BBC bezig om een licentie te krijgen zodat ik onder andere T-shirts en andere souvenirs kan verlopen die met de detective-serie te maken hebben. Het zit eraan te komen, maar het is een langdurig proces. De BBC houdt alle touwtjes strak in handen,' antwoordt de man.
'Klopt het dat de acteurs hier verblijven wanneer er opnames gemaakt worden?'
'Ja, dat heb je goed. Wanneer er gefilmd wordt, verblijven de meeste acteurs en de crew ongeveer een half jaar op dit eiland om in een keer een serie op te nemen. De belangrijkste acteurs verblijven elders op het eiland. Die zijn gemaakt door een oude vrouw uit Deshaies,' gaat hij verder als hij ziet dat ik oorhangers in mijn handen heb.
Tja, gemaakt door een oude dame, dat geeft enige druk om tot aankoop over te gaan.
'Volgens mij zijn het gewoon boontjes,' zegt Jan die een nuchterder kijk op dit soort dingen heeft.
Ik vind ze mooi en daar gaat het om. Heel wat mooier dan die geblokte stoffen die ik overal zie.
'Ik zie overal op dit eiland zo veel geblokte stoffen. Jurken, shorts, tafelkleden, als er een lap omheen kan is het geblokt.'
'Klopt,' de man schiet in de lach. 'Het komt van oorsprong uit India en is hier populair.'*
Ik houd helemaal niet van stoffen met een blokje of ruitje. Nooit gedaan en mannen gekleed in een te lange, geblokte korte broek doen zelfs pijn aan mijn ogen. Ik vermoed dat ik deze reis over mijn eigen schaduw heen zal stappen. Als reiziger moet je openstaan voor veel dingen en als dat inhoudt dat ik iets met een blokje moet aanschaffen, zal ik dat doen, zolang het maar geen kledingstuk is. Ik moet zeggen dat het wel een vrolijke boel is van rood, geel, oranje en groen. We bedanken hem voor de informatie en wanneer we naar buiten lopen zie ik een jonge man met een groot kapmes een kokosnoot te lijf gaan. Hij zit wijdbeens op de grond, en met zijn rechterhand tikt hij zorgvuldig het kapje van de noot.

We wandelen terug naar onze wagen waar we de airco onmiddellijk op de hoogste stand zetten voordat we verder rijden om op op zoek te gaan naar een supermarkt. Even afkoelen. In Sante Rosé is een filiaal van E. Leclerc. Guadeloupe is geen goedkoop eiland en dat is logisch. Veel moet ingevlogen worden of komt met de boot. Het is leuk om in het buitenland naar de supermarkt te gaan. Bekende producten, vreemde producten en leuke opschriften maken het tot een mooie excursie. Meel van het merk Harry vraagt om een foto en wegwerpluiers zijn verpakt in bruin papier met een blauwwit gestreepte zebra op de verpakking. Rum staat in de schappen en hebben logo's die iets van het eiland weergeven zoals ossen die grote wagens met suikerriet trekken. Een windmolen siert het etiket van de rum dat van het eiland Marie-Galante komt. Sommige prijzen zijn te vergelijken met de prijzen die ik in Nederland voor mijn boodschappen betaal. Boter is opvallend duur, een pond boter kost ruim vier euro, maar daar staat tegenover dat je voor zes euro een fles rum hebt. Rum op de boterham en als lekkere snack 's avonds een boterham met boter. Omdenken 2.0.

*Madras is gemaakt van een lichte, ruw geweven katoen.

Morne-à-l'Eau

Louis Delgrès

Het standbeeld van de bevrijding van de slaven

Temple Hindou de Changy

Ghandi in Guadeloupe

N 2
BASSE-TERRE
CENTRE VILLE
Office de Tourisme
Église N.D.
de l'Assomption
Services Techniques

HÔTEL DE VILLE
LIBERTÉ ÉGALITÉ FRATERNITÉ

ACCUEIL
m

De marktvrouw van Basse-Terre

Fietsers en leguanen

Ik zet de gevulde koelbox op de achterbank van de auto. We rijden Ferry uit, op zijn creools Féri, het dorpje in de buurt van Deshaies waar we wonen, op weg naar Petit-Bourg. Jan heeft de route in zijn hoofd en rijdend op een zondag als vandaag is het rustig op het eiland. Veel huizen hebben de luiken gesloten. Wasgoed hangt aan huizen, aan rekken, of is achteloos over een afrastering gegooid. Vervallen huizen staan als vermoeide mensen tegen elkaar aan en voorkomen zo dat alles in elkaar dondert. Oude fietsbanden worden als reuze-elastieken gebruikt om losse delen bij elkaar te houden. Op een balkon staat een man roerloos om zich heen te kijken. De zondagsrust wordt in ere gehouden. Behalve bij de boulangeries-patisseries, zij doen goede zaken. Voor een broodje met een kleine koffie hoef je hier niet ver te rijden.
'Dat ziet er leuk uit,' wijs ik naar een klein zaakje waar een mevrouw met een stralende lach achter de toonbank staat.
Haar lach weet door te dringen in onze auto. Een leuke uitstraling vind ik minstens zo belangrijk als de kwaliteit van de broodjes. En… er staat een koffiemachine. De auto wordt geparkeerd en we lopen naar binnen. Ik ben een snelle leerling, bestel twee koffie mét melk en zoek broodjes uit.
'*No lait,*' weet ze me duidelijk te maken.
Ik bestel twee grande koffie die thuis voor een zuinig bakkie door zouden gaan. Ze zet de suikerpot naast de papieren bekers op het dienblad. Aan suiker op dit eiland geen gebrek. Geen probleem, lait hebben we zelf bij ons. We gaan buiten op de gifgroene stoeltjes zitten tegen de bijpassende gifgroene muur. Koffie met kleur. Jan haalt de melkpoeder uit de auto.
Ik pak mijn reisgids en lees dat hier een vrijheidsbeeld moet staan. We eten en drinken alles met smaak op en gaan op zoek naar het beeld.

Het witte beeld is snel gevonden en draagt de eenvoudige naam L'Hombre Libre. Op een steen - in de vorm van een stuk uitgerold perkament - wordt de achtergrond van de stenen meneer uitgelegd. Het is op 27 mei 2012 onthuld. Het is niet het mooiste beeld, de grote witte man houdt een klewang in zijn ene hand, een schelp in de andere en kijkt met een wilde blik naar de wereld om hem heen. Het is duidelijk een verwijzing naar het slavernijverleden. Het is van een aandoenlijke eenvoud en spreekt daardoor tot de verbeelding. Een koperen buste van een man kijkt de andere kant uit. Als iemand een beeld heeft verdiend dan moet er een reden voor zijn. Het beeld is aangeboden door de regionale raad van Guadeloupe, de plaatsvervangend president van Gerion lees ik. Dat geloof ik allemaal wel, maar wie is hij? Niks verraadt wie of wat. Nou ja, gewoon een koperen kop, ik ga er niet ingewikkeld over doen.

De mangoboom ernaast, zwaar behangen met vruchten, is zelfs voor een leek als ik moeiteloos te herkennen. De blauwe zee, de bijpassende luchten, de roodbloeiende struiken; het maakt deze koffiestop weer tot een perfect uitstapje. Zo krijgt Duché, een plaatsje waar mijn reisgids geen woord over schrijft, voorgoed een plekje op onze foto's en in dit boek. Dat is de essentie van op eigen houtje reizen: je laten verrassen.

Zondag is wielrennersdag op Guadeloupe. Gelukkig zijn de sporters niet zo arrogant als veel wielrenners in Nederland, die je van het fietspad blazen, voor je auto langs flitsen en zelfs boos worden wanneer je niet snel aan de kant gaat. We rijden allemaal in ons eigen tempo over hetzelfde asfalt. Het is druk, we passen ons tempo aan. Er loopt een man tussen de langzaam rijdende auto's. Hij verkoopt crêpes van maniok die gevuld zijn met Nutella. Autoraampjes worden open gedraaid en snel wisselen euro's voor pannenkoekjes.

Op sommige plekken staan mensen met een oranje hesje aan en een stopbord in de hand. Er is vast een wedstrijd. We stoppen net op tijd, puur toeval, bij een kleine visafslag waar verse kreeft wordt verkocht. De schaaldieren leven en doen wanhopige pogingen om aan een onherroepelijk kokendheet lot te ontkomen. Er staat een grote container die beschilderd is met een angstaanjagend uitziende haai waar zelfs Jaws een stapje voor opzij zou doen. De deur gaat open en ik zie dat de container een diepvries is, gevuld met wit schaafijs. Mannen sjouwen er grote, zwarte bakken met ijs uit, die naar de vistafels worden gebracht. Het zal een uitdaging zijn om bij deze hete temperaturen verse vis vers te houden. Ineens veel kabaal van motoren, sommige met zwaailichten. Voor ik het goed in de gaten heb, zoeft er een peloton wielrenners voorbij. Allemachtig wat een snelheid, ik vind het doodeng. Die blote armen en benen en dan het harde asfalt. Voor we een foto kunnen maken, is iedereen voorbij gestoven. De liefde voor de fiets zal ongetwijfeld door de Fransen naar dit eiland zijn gebracht In de maand augustus wordt er hier een Tour Cycliste International gehouden. Fietsers uit de hele wereld weten dan dit eiland te vinden. Misschien waren deze wielrenners hiervoor in training? Alleen zijn er geen fietspaden en gebruiken alle verkeersdeelnemers hetzelfde asfalt. Gelukkig draagt iedere wielrenner een helm, maar toch. Fietsen is hier een mannensport; de eerste vrouw op de fiets in Guadeloupe moet ik nog tegenkomen.

We lopen naar de kant van de weg, waar een houten bankje staat. Met uitzicht op de zee en scheef gewaaide palmbomen smaakt de koffie extra lekker. Een leguaan* scharrelt door ons beeld. Zo snel als de fietsers waren zo heerlijk traag is dit dier. Van het puntje van zijn staar tot het puntje van zijn neus is het beest minstens een meter lang. Hij heeft de juiste kleuren groen en zwart om onzichtbaar door de jungle te glibberen. Maar, wanneer hij over de grote, witte schelpen scharrelt die als weggegooid afval voor het oprapen liggen, valt hij op als een Eskimo in de Sahara. Ik loop ernaartoe en dat is makkelijker gezegd dan gedaan. De grond is oneffen, de schelpen zijn puntig en keihard en dan is het dier vele malen sneller dan ik. Maar toch, deze keer win ik en maak een leuke foto. Als we zo traag blijven reizen en overal stoppen, komen we vandaag niet in Petit-Bourg.

*Het was een Antillenleguaan. Ze kunnen oud worden en worden in hun bestaan bedreigd. Ze kleuren van groen naar lichtgrijs en kunnen maar liefst anderhalve meter lang worden.

Tempels, kerken en beelden

'Zag ik daar nu een bordje staan dat hier een Hindoe-tempel is?' zeg ik.
Ik ben dol op de kitsch en de kleuren van tempels. Ik snap niks van deze manier van leven, maar de vrolijkheid die deze gebouwen uitstralen maakt mij altijd vrolijk.
'Kijk, daar staat ie al.'
Jan parkeert de wagen en we lopen naar het exotisch uitziende complex. Temple Hindou de Changy lees ik op een bordje en maakt ons tevens duidelijk dat we in Changy zijn. Het terrein is afgesloten en het is verboden om foto's binnen in de tempel te maken. Elektriciteitsdraden hangen als dropveters over het terrein en de gebouwen. De steenrood geverfde muur, die het complex omheint, bladdert af. Gebouwen strak in de verf houden op een tropisch eiland is een uitdaging waar zelfs de Hindoe-goden geen antwoord op hebben. Mijn reisgids zwijgt in alle talen over deze tempel. Verder zoeken en weer is het mevrouw Google die uitkomst biedt. Het gebouw is gebouwd tussen 1973 en 1974. Iemand is speciaal uit Inda gekomen om de beelden te maken waar ik vanaf de weg naar kijk. Met mijn schoolfrans begrijp ik dat de binnenkant niet gefotografeerd mag worden. Daardoor trek ik voor mezelf de conclusie dat het eenieder vrij staat om de buitenkant uitgebreid op de foto te zetten. Ik heb me ooit eens verdiept wat je wel of niet mag foto fotograferen en mag afbeelden. Wat vanaf de weg te zien is, mag op de foto gezet worden. Zachtgeel en mintgroen geschilderde kleine beelden staan op de randen van het gebouw, dat als een blokkendoos in lagen op elkaar lijkt te zijn gestapeld. Door weer en wind uitgeslagen zwartgrauwe beelden staan onbedekt in de zon. Palmbomen waaieren zachtjes heen en weer.

Onder een afdakje staan enkele beelden bij elkaar. Een stenen olifant heet Ganapati. Ik ken alleen de naam Ganesha uit de Hindoe-wereld omdat de wereldwinkel in mijn woonplaats Nijverdal zo heet. Ganapati is een andere naam voor Ganesha lees ik en is de god van wijsheid, welvaart, geluk en... de beschermgod van de reiziger. Even later maak ik kennis met Vinayagor, de olifantsgod en Saraswati de beschermer van de kunst en de literatuur. Het andere beeld is Maldevilin en is de beschermheer van deze tempel. Met een beeld dat de reiziger beschermd en een beeld dat het beste met de literatuur voorheeft, bevind ik me in goed gezelschap. Ik hoop dat beide goden ons goed zijn gezind. Mocht het bordje dat niemand het terrein op mag niet duidelijk genoeg zijn, de muur met een hekwerk houdt iedereen buiten. Het haalt iets baldadigs bij mij naar boven. Het heeft altijd wat sneus en triests wanneer kerken, tempels, moskeeën, gebedshuizen, koninkrijkszalen of hoe alle ruimtes maar mogen heten, voor andersdenkenden de deuren gesloten houden. Zo stoot je elkaar eerder af dan dat je elkaar de hand reikt en handen zijn hier genoeg. Veel beelden hebben veel armen waarvan sommige een drietand in de hand houden. De grote muurschildering van een Indiase vrouw is beeldschoon. Ze draagt een dikke haarvlecht over haar ene schouder, grote ringen in haar oren, sieraden op haar voorhoofd en is prachtig opgemaakt. Ze kijkt devoot naar de branden kaars in haar handen. Naast haar een ruwe afbeelding van een tempel. Het is absoluut een vrolijk en blij gebouw dat prima op zijn plek is op dit eiland vol met kleuren. Tevreden stappen we in de auto om eindelijk naar Petit-Bourg te gaan. Dat willen we wel, maar grote tandwielen uit de rietsuikerindustrie, die een rotonde opleuken, dwingen ons eerst tot een stop. De stenen rotonde is gebarsten en onkruid tiert welig tussen alle spleten.

Wanneer we dan eindelijk Petit-Bourg binnenrijden, de grootste stad van Guadeloupe, is een enorme schelp het eerste dat opvalt.

'Plastic,' concludeert Jan, niet gehinderd door een flintertje kennis.

'Nee hoor, dat is een echte,' zeg ik zelfverzekerd.

Ik hou van reisdromen en ga bewust niet op op zoek naar informatie en ga ervan uit dat het zwevend na een lange reis door de ruimte hier is neergeploft. Ik droom verder, misschien is het door de NASA - na bewezen diensten - hier gedumpt. Zien is weten; Jan parkeert de wagen en we lopen naar de monstergrote schelp. Op de plaquette staan negen namen. Ter herinnering aan de slachtoffers van 16 oktober 1910. Slachtoffers waarvan?*

De hoofdstad is een groene stad; groen dat voor schaduw zorgt. De kerk van St. Theresia staat er strak in de verf bij, heeft een uitstraling van een kasteel uit Disneyland en daar is niks mysterieus aan. Geel en hemelsblauw dat wedijvert met de blauwe luchten. Volgens de banners, die de kerk geen goed doen, hebben ze in 2022 het 90-jarige jubileum gevierd. Een merkaardig getal om te vieren. Hoewel, gezien de leegloop van alle kerken wereldwijd dachten ze misschien, die 100 jaar, die gaan we niet halen, dus we gaan voor een feestje voor de 90-jarige. De deuren zijn gesloten.

Mijn aandacht wordt getrokken door een groot goudkleurig beeld - dit eiland is dol op beelden, er is geen ontsnappen aan - dat lomp oogt. De vrouw staat licht voorover gebogen, haar rechterhand met gebalde vuist omhoog en bloemen voor haar voeten. Achter haar drie ijzeren palen waar een rooster in is gemaakt waar dikke kolen op liggen. Alsof men hier de buurtbarbecue gaat houden. Ik ga op onderzoek uit om meer te weten kopen over deze gouden dame. Ik lees over de slavin Gertrude. Gertrude heeft in het begin van de 19e eeuw de familie Ferns vergiftigd en dat werd niet gewaardeerd. Ze

werd opgehangen en om helemaal zeker van haar dood te
zijn, werd ze verbrand op het kerkplein dat nu haar naam
draagt. Aham, nu snap ik de barbecue achter haar. Het
Gertrudeplein is nu een grote bouwput. Zou zij de enige
moordenaar zijn die een standbeeld heeft? Zoals zo vaak laat
de werkelijkheid zich niet verzinnen. Ik gun haar de bloemen
en het gouden beeld. Ik gun elke tot slaaf gemaakte een eigen
beeld met een bos bloemen. Ze bevindt zich in goed
gezelschap; dicht naast haar staat op een marmeren zuil een
buste van meneer Louis Delgrès. Voor het beeld een klein
perkje met oranje bloemen. Een wit beeld van een soldaat
met de Franse vlag gedenkt de doden van de Eerste Wereldoorlog. Gestorven voor Frankrijk staat eronder, drie woorden
die bij mij binnenkomen. Het verleden wordt hier niet
weggepoetst maar met bloemen herdacht.

Terwijl Jan de auto ophaalt, loop ik alvast naar dat leuke
zaakje waar we iets kunnen drinken. Langsrijdend zag het er
gezellig uitzag.
'*Non, non,*' lacht de oude man wanneer ik de trap af wil
lopen om op het terras te gaan zitten, waar smaakvol gedekte
tafels met kristallen glazen staan.
Gezellige versieringen en stoelen die keurig op een rij staan.
Uit zijn drukke gebaren maak ik op dat hij zelf gasten verwacht en dat ik op het punt stond een woning binnen te
stappen. Rap Frans pratend en met drukke gebaren probeert
hij me duidelijk te maken waar ik wel wat kan drinken. Ik
begrijp hem niet en hij begrijpt mij niet. Na veel gebaren,
vriendelijk lachen van beide kanten en in mijn houtje-touwtje
Frans weet ik hem uiteindelijk duidelijk te maken dat ik op
mon mari wacht die zo in de *voiture* komt. Het blijft een taai
gesprek. Zo gauw Jan eraan komt rijden, kunnen we weer
terug.

'Ik stond bijna bij die meneer in de kamer, het is helemaal geen restaurant. De volgende keer loop ik niet meer vooruit,' mopper ik op niemand in het bijzonder.

*slachtoffers van een schietpartij tijdens de gemeenteraadsver-kiezingen.

Bij Catherine's

Op de kleine binnenplaats achter onze studio staat een wasmachine onder een houten afdakje. We hebben vuile was, maar geen zeeppoeder. Reizen maakt creatief. Ik pak de vaatdoek, spuit er een dikke klodder afwasmiddel op, prop alles goed in elkaar en stop het doekje met de was in de machine. Natuurlijk hebben we een droogrek in onze studio en een brandende zon die sneller droogt dat mijn droger thuis. Wanneer ik alles opruim, een appje van Jessica. Ze komt morgen langs om schone handdoeken en lakens te brengen…

Jan heeft gereserveerd om vanavond in La Madras te dineren. Het is vandaag 4 juni, onze trouwdag. Al meer dan een halve eeuw samen is reden genoeg om los te gaan. La Madras kent niemand in Nederland, dit in tegenstelling tot Catherine's: het restaurant waar de Franse eigenaresse de scepter zwaait. In elke aflevering van *Death in Paradise* komt ze voorbij en alles is een feestje van herkenning voor ons. Samen met de acteur die de rol van commissaris heeft, speelt ze vanaf het begin in deze serie. Haar filmdochter Camille had een van de hoofdrollen in de eerste reeks. De dochter is ondertussen verdwenen maar moeder is gebleven. Het heeft La Madras geen windeieren gelegd; alle tafels zijn bezet. We zitten aan de waterkant waar het zeewater kabbelt en klotst en mensen lekker liggen te dobberen in het warme water. In groen en rode potten staan kleine palmbomen.
Het personeel is gekleed in een roze poloshirt en een strakke spijkerbroek, ongeacht of het lichaam er wel of niet voor geschikt is. Bij allen steekt een telefoon uit de kontzak. Ik zie dorade-vis op de menukaart staan. Dat is de vis die we laatst op de afslag zagen; ik ben dol op vis en mijn keuze is gemaakt. Jan gaat voor rundvlees. Alles wordt smaakvol gereserveerd met rijst en een lekkere kerriesaus. We toosten

op ons eigen geluk en alle jaren samen. Mijn gedachten zweven terug naar de MAVO in Den Ham, ik was veertien, Jan was vijftien. Ik bleef door ziekte zitten in de tweede klas, Jan bleef zitten omdat ie beter dingen te doen had dan huiswerk maken. Samen blijven zitten, schiep een band die nooit meer los zou gaan. Jong getrouwd en samen het reizen ontdekken. Voor Jan was vroeger een tank vol benzine leegrijden ver genoeg van huis en haard verwijderd. Ik wilde graag naar familie in Tasmanië, dat was zelfs te ver voor een tank vol kerosine. Bij thuiskomst zei Jan: "Zo, dat was onze eerste reis maar beslist niet de laatste." Inmiddels zijn we tientallen reizen naar alle uithoeken van de wereld verder. "Wat is het beste dat je gedaan hebt in je leven?" was eens de vraag tijdens een interview dat ik gaf. "Trouwen met Jan."
Wie had toen kunnen bedenken dat we samen de wereld rond zouden reizen om nu, ruim een halve eeuw later, op een zwoele avond op Guadeloupe te smullen van een tropische maaltijd. Het is dé perfecte plek om te genieten van het leven dat ons in alle opzichten zo gunstig heeft bedeeld.

De eigenaresse - daar ga ik vanuit - gekleed in een simpele jurk met een degelijk schort loopt inspecterend door het restaurant. Een totaal andere vrouw dan de kleurrijke Catherine die altijd smaakvol gekleed en behangen met sieraden is. De werkelijke en de nepwereld liggen ver uit elkaar. Het daglicht wordt verdrongen door de nacht, de lampen gaan overal aan en maakt alles nog sfeervoller. Het openluchtrestaurant is bedekt met een rieten dak. De keuken, de receptie en het sanitair liggen aan de ene kant; een weg scheidt dit van het restaurant. Het personeel moet goed uitkijken terwijl het verkeer door de smalle straat rijdt.
Wanneer ik de weg oversteek om de rekening bij de receptie te betalen, zie ik vergeelde foto's hangen die tijdens de opnames van de eerste serie *Death in Paradise* zijn gemaakt. Dit is de eerste keer - later zou blijken de enige keer - dat we

foto's zien. Het wordt op geen enkele manier uitgebuit dat deze succesvolle misdaadserie hier wordt opgenomen. Geen menukaart met gerechten die ernaar verwijzen, geen borden die vermelden dat bepaalde scenes ergens zijn opgenomen, helemaal niks. Het grijze, houten politiebureau is de enige verwijzing.

Door de donkere avond rijden we terug naar ons huis dat we delen met twee Engelse vrouwen, die op de eerste verdieping een verblijf hebben gehuurd. Op hetzelfde moment dat wij uit de auto stappen, komen er twee mannen aanlopen die zich vriendelijk voorstellen. Zij hebben het appartement naast ons op de begane grond gehuurd. We raken direct in gesprek en vertellen enthousiast over Catherine's. Het is duidelijk dat zij er nooit van hebben gehoord. De mannen komen respectievelijk uit Frankrijk en België en daar wordt de serie niet uitgezonden. Zij kijken ons verbaasd aan, wij kijken minstens zo verbaasd terug.
'We reizen morgen door naar een ander deel van dit eiland. Wij zijn hier om een vriend van ons te bezoeken. Alleen is hij nu net in Europa. Aangezien deze week de enige week was dat we weg konden, hebben we toch maar geboekt. We zien elkaar allemaal de laatste dagen nog,' zegt de ene man.
Ze moeten er zelf om lachen. De Fransman praat accentloos Engels. Petje af. De Belgische man woont in het Franstalige deel van België en spreekt geen woord Nederlands.

De schoonheid van verval

'Misschien komt Jessica ook schoonmaken. Ik heb geen idee
Laten we alles een beetje oprujmen,' zeg ik
Een klopje op de deur en daar is Jessica. Ze heeft een wasmand met schone lakens en handdoeken bij zich. Ze praat
snel, te snel voor ons en we begrijpen er eerlijk gezegd geen
hout van. Onze buurman hoort ons en biedt zijn hulp aan.
'Jullie moeten het bed afhalen en dit samen met de vuile
handdoeken in de wasmand doen die in jullie badkamer staat.
Je krijgt dan deze mand met schone inhoud voor terug.'
Oké, dat hadden we verkeerd begrepen. Snel pakken we alle
spullen van ons bed, halen het af, ik pak die ene vuile handdoek en we ruilen van wasmand. Alle schoonmaakspullen die
in het kastje staan, zijn voor eigen gebruik en niet voor een
schoonmaakster. Ik vond het al zo'n luxe idee. We hebben
een studio gehuurd en waren aangenaam verrast met alles dat
aanwezig is. Dat beetje schoonmaken kunnen we zelf prima.
We maken het bed op en Jan veegt alles aan en mopt de gang
ook maar mee. Een doekje over het sanitair en alles is weer
fris en fruitig. Ach, we zijn meer buiten dan binnen. Maar…
het idee dat ik voor even een schoonmaakster had was leuk.

We gaan op zoek naar het strand waar in de tv-serie de
strandhut van de Engelse inspecteur staat; het onderkomen
dat in elke aflevering een keer prominent in beeld komt. Het
stuk strand waar voor de opnames de hut iedere keer wordt
opgebouwd en later wordt afgebroken. Dit, om te voorkomen
dat alles door stormen, orkanen of windhozen wordt wegge-
spoeld of weggeblazen. De houten keet met huisgenoot Harry. Harry is een gifgroen hagedisje die bij de inboedel hoort.
Er zijn in de loop van de jaren diverse inspecteurs uit Engeland gekomen en weer vertrokken, Harry is altijd gebleven,
hij is de constante factor. Ondertussen heeft inspecteur num-

mer vier zijn intrede gedaan. Jan heeft zich goed voorbereid en weet dat het desbetreffende strand - Anse La Perle - op zo'n vijf kilometer ten noorden van Deshaies ligt. Jan parkeert de wagen en we laten het zandstrand tussen onze tenen kriebelen. In de serie lijkt het een verlaten strand waar alleen de houten barak staat. De werkelijkheid anders. Er staan diverse restaurantjes die bijna allemaal gesloten zijn. Zou Harry dan altijd ergens ander wonen? Wie past er op de Harry?

'Oh, maar Harry is niet echt,' zegt Jan. 'Gemanipuleer op de computer,' gaat hij verder en luisterend naar hem ben ik een illusie armer.

Plage d'Anse de la Perle heeft alles wat je van een tropisch strand mag verwachten. Palmbomen die met hun poten in het zand staan, de jungle die tot aan het strand doorgaat, kleine eilandjes die voor de kust liggen te dobberen en een forse man die zichzelf aan het ingraven is. Met een grote schep is hij bezig om een kuil te maken waar hij reeds half in zit. Wat een bizar gezicht. Het lijkt alsof hij in een kano zit. Langzaam staat hij op, gezien zijn lichaamsomvang heeft hij al het nodige zand verplaatst. We lopen verder om op zoek te gaan naar de standplaats van de hut. Ook hier nergens een verwijzing en behalve de restaurants is er verder niks te doen. In het zand vinden wortels van verschillende soorten, groene planten voldoende houvast om los te gaan. Door de zee, het zand en de zon gepolijste grote stenen liggen als diamanten in het zand. Voeg daar de blauwe luchten bij, dan heeft de inspecteur een top onderkomen. In werkelijkheid zal hij er geen minuut slapen. Ook al is er niks te zien, het is leuk om hier rond te lopen en om mijn verbeelding de vrije loop te laten gaan.

Tevreden reizen we verder en gaan op zoek naar een koffieplekje. Zonder lelijkheid geen schoonheid. Een bushokje waar de wind vrij spel heeft is een prima stekkie. Tegenover is een autokerkhof. Het verschil met waar we vandaan kwamen kon niet groter zijn. Het levert leuke foto's op. Er zit schoonheid in verval. Natuurlijk heb ik net alles uitgestald, wanneer de bus eraan komt rijden. Jan weet de chauffeur duidelijk te maken dat hij niet hoeft te stoppen. Ik loop naar de overkant waar gedumpte containers, onderdelen van vrachtwagens en andere roestige spullen zich hebben vermengd met de gulzige jungle. De jungle vreet alles op, daar is niks tegen bestand. Zelfs een oude machine waar het suikerriet mee wordt vermalen staat hier weg te roesten. Het netjes afvoeren en verwerken van wrakken is een groot probleem in dit land. We zien ze overal liggen in verschillende stadia van ontbinding. Monsterlijke grote banden van vrachtwagens zorgen voor wat afwisseling tussen het metaal. Het is net alsof reuzenhanden alles hebben samengeknepen en daarna achteloos alles weg hebben gegooid, zoals mensen gedachteloos een leeggedronken bierblikje dichtknijpen en ergens dumpen. En dat alles in een woonwijk.

De weg der slaven

We rijden door een wereld van suikerrietplantages, over prima asfalt waar elektriciteitspalen de wegen markeren en waar de wind de zware draden zachtjes heen en weer laat wiegen. Herinneringen aan Hawaï komen bovendrijven. Alles hetzelfde, alles net even anders.

We zijn op weg naar het meest zuidelijke puntje van dit vlindereiland en belanden in het plaatsje Petit-Canal, waar een heuse molen in het park direct onze aandacht trekt. Stoppen, uitstappen en van dichtbij bekijken. En wat voor een molen. Het is geen grote, maar wel een mooie met zijn rieten puntmuts, oranjeroestbruine wieken en dito gekleurde deur. Voor de ingang staat een afgedankte houten ossenkar. Het maakt het beeld compleet. Tot een uur geleden nog nooit van dit plaatsje gehoord en nu sta ik er letterlijk middenin, genietend om me heen te kijken. Dat is het leuke van rondreizen in een vreemd land zonder te veel voorbereiding; we worden iedere keer verrast.
De tickets, een accommodatie en de huurauto waren snel geboekt. Ik kocht de enige reisgids* die over dit eiland is geschreven en een landkaart en we gingen. Meestal vergt een reis meer voorbereiding, maar we bleven toch in Europa? Alles is toch vertrouwd? Ik kan met de euro betalen, Frans is de voertaal en toch voelt en reist het als een totaal nieuwe bestemming en dat maakt het tot een heerlijke beleving.

Ik kijk naar de molen, de ossenkar en voel me helemaal senang. Het gras is netjes gemaaid, de straatstenen zijn keurig gelegd en bloemen aangeplant. Dat de ossenkarren niet alleen als decoratie worden gebruikt, zien we later wanneer we verder reizen. De ossen stoppen met grazen, heffen traag hun logge koppen op en kijken naar die twee mensen die brutaal foto's van hen en de kar maken. Achter in het weiland staan een wagen en een oude bus weg te roesten. Zoals de kar er staat, krijg ik de indruk dat die gebruikt wordt voor het vervoer van suikerriet.

'Kijk maar naar de rubberen wielen, hij wordt zeker gebruikt,' zegt Jan met de blik van een kenner.

Voor een grote mangoboom - waar de rijpe vruchten als ballen in een kerstboom hangen - staat een roestbruin bord dat verwijst naar een Ancienne Prison, een Vyé Lajòl in de creoolse taal. Bruine bordjes wijzen altijd naar iets interessants. Jan parkeert de wagen en we lopen naar een oude gevangenis, die als een grote brok steen uit het verleden in het landschap staat. Wederom heb ik het gevoel in Angkor Wat rond te lopen. De warmte, de dichte jungle en de oude ruïnes waar het groene oerwoud steeds meer zijn tanden in zet. Het is en blijft zo indrukwekkend om te zien waar de wortels zich overal doorheen weten te persen. Hier zijn geen toegangspoorten, hoef je geen entree te betalen, zijn geen folders, geen bordjes dat een en ander uitlegt, geen beveiligers; het complex is vrij te bezoeken en dat doen we graag. We lopen een van de ronde openingen door en stappen terug in de tijd. Bomen hebben hun dikke wortels beschermend om de stenen muren geslagen, alsof ze dat wat er nog staat, willen behoeden tegen de boze buitenwereld. Bij een van de bomen liggen offerandes. Op een groot bananenblad liggen zwarte bananen en een omgevallen kaars. Ernaast, op een plastic dienblad, liggen meloenen, een lege fles rum, onbekend fruit en ananas. Het is er allemaal zorgvuldig neergelegd en rood-witte linten moeten het bij elkaar houden. Wanneer we verder lopen passeren we een bordje waarop te lezen valt dat het verboden is om deze ruïne te betreden. Het dunne lint en de smalle afrastering zal niemand tegenhouden; ik heb de indruk dat het niemand interesseert. Soms moet je een verbod negeren en we lopen en we kijken. Brutale meisjes zien nu eenmaal meer dan bescheiden meisjes.

De vijftig tinten groen zijn volop aanwezig. Was ik hier ge-
blinddoekt naartoe gebracht, dan had ik gezworen ergens in
Azië te zijn en niet op een tropisch eiland in de Caraïben.
Aan sommige bomen hangen vruchten zo groot als baby-
hoofdjes. We zijn zonder dat we het ons realiseerden op de
Carrefoure Histoire van Petit-Canal beland.
In het dorp gaat de geschiedenis verder. Op een groot bord -
kruispunt van de geschiedenis genaamd - staan de namen en
de leeftijd van de tot slaaf gemaakte mensen. Vaak nog
kinderen. Monument à l'Abolutio de l'Eslave en in het creools Moni-man Abolisyan Esklavaj.
De haven van de slavenmarkten, alleen de combinatie van
deze twee woorden laat mijn huid rillen. Op een marmeren
sokkel staat een grote trommel. Dit keer niet met het
traditionele beeld van een man en een die vrouw die bevrijdt
worden van hun kettingen er bovenop. Nee, op een stuk muur
een schildering van een vluchtende man en vrouw. Hand in
hand en met een wanhopige uitdrukking op hun gelaat rennen
ze samen weg. De vrijheid tegemoet? Alles ziet er netjes
onderhouden uit, geen graffiti, geen rommel maar wel een
beeld van onze held Louis Delgrès. Zo langzamerhand wordt
Louis onze vaste reisgenoot.

Wij vervolgen de weg der slaven en rijden Anse-Bertrand
binnen waar we verrast worden door muurschilderingen en
een creatief iemand die bezig is geweest met een afgedankte
surfplank en een plastic stoel. Aan een van de uiteinden van
de plank is de stoel gemonteerd, de andere punt rust op een
stoel en zo creëert men een bank De schilderijen zijn
kleurrijk en fantasievol met blauwe gezichten, bruine gezichten met roze blosjes op de wangen, ringen in de oorschelpen
en opgespoten lippen waar de Kardashians jaloers op zouden
worden. Een mannelijk figuur met lange, wapperende haren,
blauwe lippen, ringetje door de neus en twee perfecte blosjes
op de wangen. Ook hier ontbreekt het beeld niet dat de omge-

komen kinderen herdenkt uit de Eerste Wereldoorlog. Een stenen soldaat houdt de wacht, hierbij een groot geweer als wandelstok gebruikend. Onder de helm kijken twee witte ogen star en stijf de wereld in.
De zachtgele kerk met witte biezen heeft een houten toren met een puntdak van golfplaten in dezelfde gele kleur en een kerkklok die de juiste tijd aangeeft. Een groene kikker en een boosaardige vogel kijken de voorbijganger vanaf de muren aan. Het is echter een ronde muur, die ervoor zorgt dat ik ernaartoe loop. Op de muur een grote vrouw met de hoofddoek om haar hoofd geknoopt zoals je hier veel ziet. De knoop precies boven haar neus. De wenkbrauwen geëpileerd en met sieraden - die het meest weghebben van een mini-schoteltje - in haar oren, is zij een vrouw waar niet mee te spotten valt. *My kind of girl.* Zonder oorsieraden is een vrouw niet aangekleed.

We vervolgen ons rondje en belanden op het strand van La Chapelle waar het azuurblauwe water naadloos overgaat in de luchten van Pointe de la Grande, het meest noordelijke puntje. We zien kliffen waarvan sommige tachtig meter hoog zijn en uit kalksteen bestaan. Volgens mijn gids een plek waar veel mensen zelfmoord plegen. Dat laatste staat in schril contrast met het uitzicht, de sfeer en het eiland. We hebben de ene vleugel van de vlinder gerond, we kijken elkaar tevreden aan.

**Puur Guadeloupe* van Ellen De Vriend

De waterval van de rivierkreeft

De natuur is overweldigend, overdonderend en alles om-
vattend. Het oerwoud is een brij van groen en als er dan volop water is, heeft de wildernis geen enkele schroom om onge-
geneerd om zich heen te slaan. We zijn snel bij het nationale
park van Guadeloupe dat qua grootte betreft op plek nummer
zeven staat van alle parken in Frankrijk. Officieel zal dat
zeker kloppen, maar wanneer je uren vliegen van Frankrijk
verwijderd bent, klinkt het komisch. Jan parkeert de wagen.
De jungle komt tot aan de parkeerplaatsen. De bladeren van
sommige bomen hebben een lengte van ruim een meter. Ik
ben ruim anderhalve meter blad lang. Bizar.
Het is een park waar veel te zien, te klimmen, te klauteren en
te wandelen is. Op de parkeerplaats zijn picknicktafels en ik
pak de koffiespullen uit de auto. De vogels zijn gewend aan
die duizenden bezoekers die het jaar door komen. Ze pikken
nog net niet het koekje uit onze handen. Jan is dol op vogels
en vindt dit te leuk hoewel het gezonder is wanneer mens en
dier afstand van elkaar nemen. Mensen lopen af en aan, sommige op teenslippers met zwemspullen in de handen. Dan kan
het niet ver zijn en moet het een makkelijk te lopen pad zijn.
Als het in de ochtend, zoals nu, reeds dertig graden is, stel ik
zo mijn eisen aan de afstanden die ik moet lopen. We lopen
in een paar minuten over een prima stenen wandelpad naar de
waterval. Een stenen pad in de jungle en dat heeft zijn voordelen. Er komt een mevrouw in een rolstoel aan. Zonder dit
pad was het voor haar onmogelijk geweest om dit te bekijken. Een knappe, jonge moeder met een peutertje op haar rug
komt zonder inspanning eraan lopen. Het is een waterval
voor jong en oud, voor de sportieveling, de snelwandelaar, de
trage loper en de luie bezoeker. Het groen is bijna te veel.
Kleine vruchten groeien direct aan de stam van een ik-heb-
geen-idee-wat-voor-boom-dit-is. Kleine bloemetjes die aan

appelbloesem doen denken, lichten het groen op. Gezinnen glibberen over de natte stenen om het vallende water op hun lijf te laten kletteren. Kleine kinderen worden niet al te zachtzinnig bij de hand genomen en moeten mee het water in. Het water is niet diep, maar de stenen zijn spekglad. De meeste mensen zijn zo verstandig om sandalen of plastic waterschoenen te dragen. Deze waterval siert de voorkant van mijn reisgids. Jan is zo lief om terug te lopen naar de auto om het boek op te halen zodat we een mooie foto kunnen maken van de omslag met de waterval.

'Het is dat ik een waterval op de voorkant van een reisboek saai vind, anders had ik dit boek naar deze waterval genoemd. De naam is mooi en intrigeert,' zeg ik. 'Wanneer we straks terug in onze studio zijn ga ik proberen om de foto via Facebook naar de auteur sturen.'

De Cascade aux Ecrevisses, in fatsoenlijk Nederlands *de waterval van de rivierkreeft*, is een bescheiden waterval die wat afmetingen betreft bij het eiland past. Hoewel, ergens in dit park moet de hoogste waterval van de Kleine Antillen zijn met een val van meer dan 25 meter. Feiten die ik klakkeloos aanneem.

Er komt een vrouw aan lopen met de traditionele doek om haar hoofd geknoopt en een grote zonnebril op haar neus. Ik weet nog steeds niet hoe men een dergelijke doek noemt.

'Mag ik u wat vragen?' vraag ik in het Engels.

Ze stoppen en de man lacht: 'Natuurlijk.'

'Ik wil zo graag de naam weten van de hoofddoeken die zo veel vrouwen hier dragen,' ga ik verder.

Hij knikt, begrijpt mijn vraag en praat in rap Frans tegen de vrouw.

'Bandana,' zegt ze in helder Frans.

Ik ging uit van een mooi creools woord. Ze poseert graag voor een foto met een zelfverzekerde blik op haar gezicht, stralende tanden en de geknoopte bandana om haar hoofd.

'We zijn in de buurt van Ponte-à-Pitre of niet? Kunnen we naar die bonte markt met vrouwen, kruiden, flessen drank en de geblokte stoffen gaan?' stel ik voor wanneer we terug naar de auto lopen.

Vrouwen en markten betekent geen seconde met rust gelaten te worden. Ik weet dus waar ik aan begin en loop goed gemutst de markt op. De een is beter in het aanprijzen van de koopwaar dan de andere. Vanille wordt veel verkocht. Alles smaakvol verpakt. Ik gebruik nooit vanille, ik zou werkelijk niet weten in welke gerecht deze specerij in moet. De dames zijn bijna zonder uitzondering stevige tantes. Tegenover de markt is de kledingzaak Miss Doudou, waar traditionele jurken worden verkocht. De vrouwelijke poppen dragen allemaal een bandana. Een mannelijke pop, ik noem hem Ken, draagt een witte broek met dito shirt en een geblokt jasje van madras. Zijn plastic vrouw is gekleed in een oranje jurk. Zij passen goed bij elkaar. Niets in de winkel weet me te verleiden om wat te kopen. De markt is vele malen mooier. Ik stap over mijn eigen schaduw heen en koop een toilettasje van echte madras. Blokjes dus.

Op de filmset

'Zullen we langs het politiebureau van Honoré rijden voordat naar ons huisje gaan om te lunchen?' stelt Jan voor. 'Misschien is het nu open en kunnen we eens naar binnen kijken.'

Ons huisje, thuis, ja zo voelt de studio inmiddels wel, mijmer ik, terwijl Jan de weg in slaat naar het bureau waar we met de neus in de boter vallen. Wat een drukte; er worden opnames gemaakt. Blij kijken we elkaar aan. Er staan zeven grote trucks met apparatuur en er lopen minstens veertig mensen - allemaal in korte broek en een hoedje op het hoofd - rond. De deuren en de luiken van het houten gebouw staan open.
De motor met zijspan en de blauw-gele Toyota Defender - beide met het logo van de politie van Saint Marie en een nummerbord van Saint Marie- staan voor het gebouw geparkeerd. Jan, een fanatieke motorrijder, smult van de Royal Endfield met het gefingeerde nummer EL-363-KW. Het zit 'm altijd in de details. Een deel van het parkeerterrein is met grote pionnen afgebakend en is niet toegankelijk voor het publiek. Het was dit programma dat ervoor zorgde dat we naar dit eiland reisden. Het land was nooit in beeld bij ons als een mogelijke bestemming.
Jan parkeert de auto in een van de straten, vlug stappen we uit en zoeken de schaduw van de kerk op, waar een man nonchalant staat te kijken en we raken aan de praat.
'Ik hoorde een paar dagen geleden dat er opnames gemaakt werden. Dit is alweer het twaalfde seizoen. Ook wordt er de kerstspecial opgenomen. Ik heb direct een ticket geboekt en hier ben ik dan,' zegt de man op enthousiaste toon. 'Ik ben een superfan. Ik zou eerder gaan, maar werd ziek en alles moest uitgesteld worden. Wisten jullie trouwens wanneer de serie in Engeland wordt uitgezonden, er bijna tien miljoen mensen naar kijken.'

De man, gekleed in een blauwe, korte broek en een smoezelig shirt dat om zijn licht bollend, buikje spant, is van het type dat nog bij zijn moeder woont. Hoedje op het hoofd, bijpassende teenslippers en een fles water in de hand.

'Ik vind het vreemd dat het hier op het eiland helemaal niet leeft,' zeg ik.

'Klopt, terwijl het een samenwerking is met Frankrijk. Bijna alle acteurs komen uit Engeland, behalve Catherine, de eigenaar van de bar, zij komt uit Frankrijk.'

De man heeft duidelijk zijn huiswerk gedaan. Hij struikelt net niet van opwinding over zijn eigen worden. Zijn enthousiasme is aanstekelijk.

'En, weet je, wanneer je op Google Maps kijkt, staat Honoré Police Station erop afgebeeld,' klinkt het trots. 'Bij aankomst was mijn telefoon hartstikke dood. Ik was ineens terug in de 20e eeuw. Ik kon niks beginnen en had werkelijk geen idee hoe ik mijn hotel kon vinden. Alle informatie stond in de telefoon. Er zijn geen telefooncellen en kon geen telefoonwinkel vinden. In Point-à-Pitre vond ik een zaak en binnen tien seconden deed mijn telefoon het weer. Wat een opluchting,' ratelt hij door.

Ongemerkt zijn er meer mensen bij komen staan, allemaal toeristen, de lokale mensen kijken zelfs niet om of op en lopen door. Ik loop de kerk binnen en door de openstaande ramen heb ik prima zicht op alles wat zich buiten afspeelt. De crew staat onder leiding van een jonge vrouw; zij stuurt iedereen aan. Alles en iedereen loopt door elkaar en dat komt voor een leek als ik rommelig over. Grote paraplu's moeten de mensen en de apparatuur tegen de brandende zon beschermen. Tot plezier van Jan wordt de motorfiets verplaatst; het geluid van de motor zorgt voor een gelukkige Jan. Wij verplaatsen ons naar ons huisje en wensen de Engelsman veel plezier.

Ik maak de lunch klaar en rommel alles een beetje op. De airco op standje diepvries zorgt voor een heerlijke temperatuur. Het koelt mijn lijf en mijn geest.

'Ik ben nieuwsgierig of ze nog bezig zijn om opnames te maken. Het is dichtbij. Zullen we even kijken?' vraag ik aan Jan wanneer we alles op hebben.

Jan pakt de autosleutels, we rijden naar de kerk waar de opnames in volle gang zijn, maar waar de linten en de pionnen weggehaald zijn. De Engelsman, met een inmiddels lege waterfles in zijn hand, staat er nog. Hij veert op wanneer hij ons aan ziet komen lopen.

'Ik ben met Ralph op de foto geweest. Ik mocht zelfs in de wagen en in de zijspan zitten,' lacht de man.

Hij is zo aandoenlijk blij dat ik daar weer blij van word.

'Ralph?' vraag ik.

'De acteur die Neville Parker speelt, de inspecteur,' legt hij uit. 'Hij was zo aardig en ik mocht overal foto's van maken. Omdat het zo heet is en hij altijd een colbert draagt tijdens de opnames, heeft hij onder zijn jasje een coldpack om wat fris te blijven.'

Ah, ik had geen idee wie hij was en een coldpack onder je kleren is nieuw voor mij.

'Weet je wat ik niet snap, waarom hebben ze in de eerste serie de inspecteur laten vermoorden? Waarom moest Richard Poole dood? Nu kan ie nooit meer terug komen. Ze hadden hem er toch uit kunnen schrijven. Ik schrok zo, ik keek en ineens werd ie vermoord. Ik zag het niet aankomen. Eerlijk gezegd kan ik er nog steeds niet naar kijken. Als ik naar herhalingen kijk, sla ik dit deel over.'

Hij schudt zijn hoofd; deze 'moord' is duidelijk niet verwerkt. Ik benoem hem hierbij met afstand tot dé superfan van *Death in Paradise*.

Jan en de man praten verder, terwijl ik richting de kerk loop. De regisseur maant beide mannen om stil te zijn, ze storen de opnames.

'Waarom pakken jullie dat bankje niet dat bij de ingang staat;
kunnen jullie zitten,' stel ik beide heren voor.
Oh, dat hadden ze zelf niet verzonnen. De mannen gaan relaxed zitten, de muur van de kerk als steun gebruikend, de
ogen strak op de filmset gericht.

In de kerk is een begrafenisdienst aan de gang. Aangetrokken
door mooie, zelfs vrolijke muziek, die door de openstaande
ramen en deuren naar buiten waait, loop ik naar de ingang
waar de deuren wijd open staan. Met het witte graf naast het
gebouw, de rouwdienst, de vrolijke muziek, de filmende En-
gelsen, de inwoners die alles gewoon vinden, voel ik mezelf
bijna een onderdeel van een film. Ik kijk naar twee parallelle
werelden, die perfect naast elkaar kunnen bestaan. Ik had het
niet kunnen verzinnen. De kerkdienst is afgelopen. Kinderen
en mannen in zwarte pakken dragen prachtige bloemstukken
de kerk uit. Gevolgd door mannen die de kist met de overleden geliefde het gebouw uitdragen. Veel mensen zijn in het
zwart gekleed. Hoewel sommige vrouwen bontgekleurde
jurken dragen. Allemaal netjes gekleed en allemaal hebben ze
het bloedheet. Aan het eind van de dag is het nog ruim dertig
graden. Voeg daarbij de degelijke, warme kleding, de span-
ning en het verdriet van het afscheid nemen, dan krijgt iedereen het warm. Ik loop terug naar de mannen.
Er wil een man wegrijden van de parkeerplaats. Hem wordt
gevraagd te wachten. Binnen worden nog opnames gemaakt.
'Ze zijn nu bij de fase aangeland, waar alle verdachten bij elkaar worden gezet. De inspecteer en zijn team leggen alles uit
en dan wordt duidelijk wie de moordenaar is,' zegt de Brit.
Niet veel later komt er een wit busje aanrijden. De acteurs
komen uit het gebouw, knikken vriendelijk naar ons, stappen
in het busje en worden naar het hotel gereden. De agenten
van Saint Marie zijn gekleed in het bekende blauwe uniform.
'Als jullie even wachten dan komt Ralph naar buiten,' gaat
onze vriend verder.

Inmiddels geloof ik alles wat hij zegt en daar komt inspecteur Neville Parker aanlopen. Gekleed in een donkerblauwe lange broek, wit hemdje, geen coldpack, en met een vriendelijke lach op zijn gezicht.
'*Hi guys,*' groet de acteur lachend naar ons toelopend.
De guys groeten vriendelijk terug. Ongemerkt zijn er meer mensen achter ons komen te staan.
'Wat leuk dat jullie hier zijn,' zegt Ralph. 'Waar komen jullie allemaal vandaan?' vraagt hij.
'Dat is een eind vliegen. Wat vinden jullie van dit eiland?'
'Het is een prachtig, maar een moorddadig eiland,'zegt Jan.
'Ach, dat valt mee. Maar acht moorden per jaar.'
Hij komt sympathiek over: 'Kom hier, dan gaan we samen op de foto.'
Op de foto? Dat was niet mijn bedoeling, maar leuk. Maar goed, als een knappe, bekende Engelse acteur met mij op de foto wil…
'Hij wil graag met mij op de foto,' grijns ik naar Jan. 'Dat kan altijd, daar doe ik niet moeilijk over.'
Ik ga naast hem staan. Hij slaat een arm om me heen, ik ga gezellig dichterbij staan en Jan maakt de foto.
'Nu een paar groepsfoto's,' gaat Ralph verder en Jan krijgt allerlei telefoons en camera's in zijn handen gedrukt.
Mensen uit Spanje, een echtpaar uit Colombia, onze Engelsman en ik draperen ons om de acteur heen en Jan maakt de ene na de andere foto. Na een paar minuten is de fotosessie voorbij. Jan geeft de telefoons en camera's weer terug. Hopelijk zijn de mensen blij met het resultaat. Iedereen verdwijnt naar zijn hotel en Ralph stapt in de wachtende, witte bus.

Wij wensen onze Engelse vriend een mooi verblijf toe en rijden naar onze favoriete *lolo* voor een warme hap. Lolo is het creoolse woord voor een foodtruck, eetwagen, snackauto. Het tengere meisje herkent ons onmiddellijk wanneer we uit de wagen stappen. Voor de lolo staan stoelen en tafeltjes. Op

een van de stoelen zit een magere vrouw te roken en een pilsje te drinken. Ik loop naar de truck en hoor gebabbel achter
de wagen vandaan komen. Nieuwsgierig loop ik ernaartoe. Er
zit een vrouw op een prachtige kruk van madras stof, bandana
om haar hoofd en een zonnebril op d'r neus. Ze knikt me
vriendelijk toe.
Wij zoeken een plaatsje in de schaduw op. De lolo naast de
onze verkoopt Aziatisch voedsel, maar daar is geen klant te
zien. Zij is vaker dicht dan open. Onze lolo is vaker open dan
gesloten en dat is opvallend in een land als Guadeloupe.
'Ik heb kip en patat,' zegt het meisje op een toon alsof ze iets
speciaals heeft, terwijl het menu bijna elke dag hetzelfde is.
'Heb je misschien salade?' vraag ik
 Niet veel later worden de kip, de patatten en de salade geserveerd. Het voordeel van een bescheiden menukaart. Alles is
zo klaar. Bij de salade krijgen we een vers broodje dat blauw-
zwart van kleur is.
'Tijdens het bakken doen we er inkt van de inktvis bij en
krijgt het brood deze kleur,' weet ze ons duidelijk te maken
als ze ons ziet kijken.
'Zie je daar die wagens staan? Daar overnacht de crew en
staan tafels waar ze allemaal met elkaar eten,' wijst Jan.
Dat ik dat gemist heb. Het witte busje staat er ook en er lopen
mensen rond. Wat komt er veel kijken om een serie te maken
met zo veel mensen achter de schermen. Als leek heb je daar
geen benul van. Ik draai mijn stoel zo dat ik vol het zicht heb
op alle reuring.

Parc des Mamelles

Het Parc des Mamelles is een tropisch oerwoud waar veel bedreigde en unieke dieren een veilige plek hebben. Het ligt niet ver van onze studio af. Op een eiland van deze afmetingen is alles dichtbij. Het park is elke dag open van negen uur in de ochtend tot zes uur 's middags. De meningen over dierentuinen zijn verdeeld, de een vindt het niks terwijl de ander een jaarabonnement heeft. Ik heb er niet veel moeite mee, mits de dieren goed verzorgd worden en ze volop ruimte hebben. Voor veel mensen is het de enige manier om bijzondere dieren te zien en veel dierentuinen hebben goede researchcentra en fokprogramma's. Deze dierentuin investeert veel in de rode panda waar het een fok- en studieprogramma voor heeft. Daarnaast is in dit park een aflevering opgenomen van *Death in Paradise*. In het seizoen van 2019 wordt in de tweede aflevering de directeur van deze dierentuin op een geraffineerde manier vermoord. Vanzelfsprekend wordt de moordenaar opgepakt.
'Wat betekent *mamelles*?' vraag ik aan Jan, die ook geen idee heeft.
Wanneer ik op vertalen zoek, krijg ik als antwoord 'uiers, borsten' Park van de Uiers of Borsten dat is toch geen naam? Ik maak er park van de zoogdieren van. Jan schiet in de lach.
'Volgens mij is het een verwijzing naar die ronde heuvels die uit het landschap opdoemen,' wijst hij.
We stappen in de auto en rijden naar de uiers om een paar tellen later te stoppen voor twee lifters.
'Hoi, ik kom uit Frankrijk en mijn vriend is van dit eiland,' zegt het meisje terwijl ze samen, omringd door een wolk van alcoholdampen, instappen. 'We willen graag naar Deshaies.'
Een kleine moeite voor ons. Hoewel het niet ver is, is het lopend op deze steile wegen en bij deze temperaturen een hele afstand. We brengen ze even weg.

De weg door de jungle brengt ons in de juiste sfeer. Jan parkeert de wagen aan de kant van de weg, ik pak de koffiespullen en weer genieten we van een koffie tussen exotische bloemen en af en toe een passerende wagen. Bermtoeristen 2.0.

Er is volop ruimte op het parkeerterrein van Parc des Mamelles de Guadeloupe waar afbeeldingen van vogels en een luipaard op het bord bij de ingang hoge verwachtingen scheppen. We betalen de entree en de vriendelijke vrouw achter de kassa wijst ons erop dat sommige planken op de wandelpaden glibberig kunnen zijn. De te volgen route wordt in het Engels en het Frans aangegeven, hier geen creools. De hardroze bordjes met de witte pijlen zijn te lezen in elke taal. Het park is met zijn afmetingen van vier hectare te behappen.
De eerste vogels die we zien zijn indrukwekkend met hun grote, oranje snavels die als pikhouwelen vooruit steken en bijna langer dat het dier zijn Voor Jan kan het niet meer stuk. We lopen onder de netten die mens en dier tegen elkaar moeten beschermen. De dieren hebben volop de ruimte. Een bord waarschuwt de bezoeker dat het om een kalmtegebied gaat en men wordt verzocht om niet om de ruiten te bonzen waar dieren achter verblijven. Het zou niet in ons opkomen. De bloemen knallen en vallen op tussen het groen. De kleuren wedijveren met de kleuren van de papegaaien. Een gifgroen hagedisje heeft een veilig heenkomen onder een bank gevonden. Ik heb de indruk dat hij zich ergens voor verstopt. In een bak liggen plakjes wortels voor de beesten. Terwijl wij genieten van het park is het personeel druk aan het werk. Geronk van motorzagen verstoort de sfeer. De tuinman is er even bij gaan zitten. Zijn rastaharen zitten veilig opgeborgen in een zwarte zak, die tot halverwege zijn rug hangt. De schaduw van één groot blad is voldoende om de man volkomen in het donker te zetten.
Alles is zo vruchtbaar dat zelfs op het met mos bedekte dak van alles groeit. Soms verrassen doorkijkjes ons met een

mooi zicht op de zee waar kleine eilandjes in het intens blauwe water liggen te dobberen. Er staan borden - veel in het Frans - met informatie Grote reptielen kruipen samen met schildpadden door een bak. Het lijkt me een pijnlijke bezigheid aangezien de bodem is bedekt met kleine stukjes steen.

Borden waarschuwen de bezoeker wat allemaal niet mag. Geen dieren voeren, niet tegen de ramen slaan, niet op barrières klimmen, niet je hand of een vinger door het gaas steken. Nu waren we niks van dit alles van plan en het meeste was zelfs niet bij ons opgekomen. Als het de mensen maar niet op slechte ideeën brengt…
Ik lees op een van de vele borden dat de scarlet macaw hoog in de bomen leeft. Jan knik enthousiast, ik heb geen idee. Het is een vogel die perfect bij dit eiland past. Groen, blauw, rood; het komt allemaal samen in deze vogel. In het Nederlands de scharlaken ara genoemd. De ara's hebben hier alle ruimte en een groot net zorgt ervoor dat ze niet wegvliegen, mmm tja, ik had ze alle ruimte van de wereld gegund, maar nu kunnen we de vogels van dichtbij zien. Een groene vogel haalt met zijn kromme snavel behendig de schil van een banaan. Er valt minstens zo veel te leren als te zien. De Afrikaanse, grijze papegaai is een trouwe vogel lees ik. Hij is uiterst betrouwbaar, kalm en wat verlegen. Wanneer hij een partner heeft gevonden, zal hij zijn hele leven bij zijn vrouw blijven. Het dier wordt nu met uitsterven bedreigd en het is ten zeerste verboden om het beest te verhandelen.
De ringstaartmaki's hebben het hier goed voor elkaar en de bezoekers ook. We bewegen ons allemaal in dezelfde kooi. Dat vind ik een dingetje. Gelukkig heeft geen enkel dier snode plannen. De beesten doen hun dierendingen, de mensen doen hun mensendingen: foto's maken. Mens en dier laten elkaar met rust. De maki's zoeken graag elkaars gezelschap op en liggen in groepjes bovenop elkaar, terwijl er ruimte in overvloed is. Sommige gaan op hun achterpoten staan, snuit-

jes gespitst en met hun kleine pootjes voor de borst kijken ze met een aandoenlijke blik naar die wezens die op twee benen voorbij lopen.

We hebben geen van beiden last van hoogtevrees. In het park moet een hangbrug zijn waar je letterlijk door de toppen van de bomen wandelt. De *canopy walk* door de toppen van de jungle vinden we een feestje. Het is verboden om op de brug te springen, niet rennen en *walk cool* is het advies. Kinderen moeten minimaal acht jaar oud zijn om hierover te kunnen lopen. Het netwerk van dikke touwen is minstens vijftien meter hoog en we genieten van elke centimeter.

Grote schildpadden schuifelen traag door ons beeld. Nooit eerder, zelfs niet op de Galapagos-eilanden, zagen we zulke knoeperds van schildpadden. Wanneer we later een luipaard en een zwarte jaguar zien, krijg ik pas het gevoel in een dierentuin te zijn. Wanneer je, zoals wij, het geluk hebt gehad om een paar keer een luipaard in het wild in Afrika te hebben gezien, kijk je anders naar dieren achter het gaas. De zwarte jaguar is in 2011 in gevangenschap geboren in een dierentuin in Frankrijk. Hij was het kind van een alleenstaande moeder, lees ik. De zwarte jaguar is geen ondersoort van de jaguars. De zwarte kleur is te wijten aan een extreem mate van zwart pigment. Van alle jaguars die er zijn, is ongeveer zes procent zo donker. Als je het beest van dichtbij bekijkt, kun je zien dat er vage vlekjes op zijn lijf zijn. Mm, hoe zou ik in vredesnaam dicht bij een jaguar kunnen komen, vooropgesteld dat ik dat graag zou willen.

Toen deze meneer ongeveer een jaar oud was werd hij bij zijn moeder weggehaald. In de jaguarwereld een normale leeftijd om het huis uit te gaan en om op eigen poten te staan. Hij heeft het goed naar zijn zin in dit park. Het klimaat van Guadeloupe komt sterk overeen met het klimaat van de jungle in Zuid-Amerika. De dieren kunnen het allemaal prima met elkaar vinden.

'Wanneer dieren voldoende te eten en te drinken krijgen vinden ze het al snel prima. Een dier is liever lui dan moe,' aldus Jan. 'Heb je trouwens die miereneter gezien? Je moet even teruglopen om die te bekijken.'
Ik loop terug en verbaas me over het wonderlijke dier. Het is een groot beest met zijn lengte van twee meter, gewicht van rond de dertig kilo en zijn lange snuit. Een beetje miereneter eet minimaal 30.000 mieren per dag. Zijn tong is met een lengte van zestig centimeter lang. Ondanks de afwezigheid van tanden is ie bijtvast. Als hij eenmaal een mier te pakken heeft, laat hij niet meer los. Met zijn snuit naar beneden zuigt hij als een stofzuiger de bodem af naar deze kriebelende miertjes. Wat een bizar beest. Als hij zich bedreigd voelt, kun je je beter uit de voeten maken. Met zijn poten heeft het beest er geen enkele moeite mee om je open te krabben of omver te duwen. Hij is verwant aan de luiaard en door zijn zwart-witte vacht ziet ie er aaibaai uit. Zo zie je maar weer dat schijn bedriegt. Een ander verfijnd koppie kijkt ons aan. Ik denk eerst dat het een klein luipaardje is. Nee, het is ocelot of pardelkat. Het is een nachtdier en behoort tot de katachtigen. Hij of zij heeft het hier ook duidelijk naar de zin.

Via de souvenirwinkel komen we bij de uitgang. Slim.
'Volgens mij verkopen ze maskers,' zeg ik naar binnen loerend en loop de winkel binnen.
Ik zoek een bescheiden masker uit in felle kleuren, spiegeltjes rondom de holle ogen en de openstaande mond. Kleuren die bij het eiland horen en perfect tussen de andere maskers in huis past. In een mandje liggen sleutelhangers. Kleine popjes in geblokte jurkjes en een bandana om het koppie. Ik pik de allerleukste eruit.

De bananenboer

De rijdende bakker kende ik al, maar vandaag maak ik kennis met de rijdende bananenboer. De laadbak van zijn pick-up ligt stampvol groene bananen. Ik zit buiten op het terras en zie de buurvrouwen zich snel naar buiten haasten. Grote, plastic tassen worden gevuld met bananen. Een vrouw heeft aan één tas niet genoeg. De man doet goede zaken. Ondertussen komen onze bovenburen eraan lopen. De twee dames, waarvan eentje met een indrukwekkend figuur, reizen vandaag verder.

'Hier, dit is allemaal voor jullie, dat kunnen we niet meenemen,' zegt een van de vrouwen en duwt me van alles in de handen.

Twee ananassen, een half gevuld pak sap, ranja, jam, een pot Nutella en een tas vol diepvriesproducten: hamburgers, vissticks en een doosje met kipcordonbleus.

'We reizen vandaag door naar Martinique,' horen we.

Het zijn erg veel spullen. Ik krijg de indruk dat ze in een opwelling hebben besloten om naar dit buureiland te gaan. We wensen de vrouwen een prettig reis en pakken onze kast en het kleine vriesvakje in de koelkast vol.

Vandaag houden we een vakantiesnipperdag. De warmte en alle indrukken eisen hun tol. Lijf, leden en geest moeten soms tot rust komen. Ik wil mijn aantekeningen doorlezen en bijwerken. Ook al houd ik elke dag trouw alles bij, er schiet me iedere keer van alles te binnen dat ik op moet schrijven.

'Als jij gaat schrijven, ga ik proberen of ik het toilet kan repareren,' zegt Jan. 'Ik zou het kunnen maken, maar heb geen gereedschap,' komt hij snel terug.

Het toilet spoelt constant door. Ik ben compleet allergisch voor waterverspilling. Ik tik een tekst in Google Translate, vertaal het in het Frans en app alles naar Jessica, die geen woord Engels spreekt. Ik heb binnen een paar minuten een

antwoord terug. Uit het weinige Frans dat ik kan, begrijp ik dat haar man in de buurt is. Hij heeft sleutels van onze studio en komt het vandaag nog maken. Tenzij we er bezwaar tegen hebben dat hij komt wanneer we er niet zijn. Geen probleem. Ik google een antwoord terug. Ik verbaas me erover dat iemand die in de toeristensector werkt geen Engels spreekt. Maar goed, samen met mevrouw Google komen we er wel.
'Daar is hij al,' zeg ik als er een man aan komt lopen.
Inderdaad, het is Jessica's echtgenoot die bij ons aanklopt.
'Ik ben Frederic,' stelt hij zich vriendelijk voor in prima Engels.
'Kom binnen. Wat fijn dat u Engels praat,' zeg ik.
'Ja, ik wel, maar mijn vrouw is een ramp als het op Engels aankomt,' lacht hij en schudt zijn hoofd.
Zo, dat is klare taal en we schieten allemaal in de lach. Hij heeft gereedschap bij zich en het euvel is snel opgelost. We bedanken de man en stappen in de auto op weg naar hotel Fort Royal voor een cappuccino. Een goede cappuccino valt tot nu toe niet mee. Zelfs een simpele koffie met een scheutje melk is al een hele uitdaging. In alle Afrikaanse landen waar we gereisd hebben, was het makkelijker er eentje te scoren dan in dit moderne, westerse land. We zijn er snel, parkeren de auto en lopen het bekende terrein op.
'Alleen als de strandbar melk heeft, kan ik er eentje voor jullie maken,' zegt de jonge barista, die voor een indrukwekkend groot koffieapparaat staat.
Soms hebben we mazzel, de man komt met een pak melk terug lopen. De koffie smaakt waardeloos, maar wanneer er zo veel moeite voor is gedaan, voelen we enige druk om alles op te drinken. Het glas water dat man er naast zet, spoelt de smaak uit onze mond weg. Zo zit een mens nu eenmaal in elkaar, omdat het duur was, drinken we alles op onder het motto weggooien is zonde.

Het strand van La Grande Anse is prachtig. Mensen genieten van het warme zeewater, van het zand, van elkaar. Gelukkig is er een douche met fris kraanwater om het zand en de zon van de lijven af te spoelen. De strandpaviljoenen zijn gesloten. Zo halverwege juni is het rustig. Overal zijn net genoeg mensen om het gezellig te maken. Een beetje reuring vind ik leuk. Het duurt niet lang meer voor de cyclonen komen die voor de nodige overlast zullen zorgen. Op een stoel in het zand zit een jonge man wezenloos voor zich uit te staren. Zijn lange, zwarte haar hangt royaal over zijn schouders. Zijn linkerhand aait achteloos het kleine hondje dat naast hem ligt. Ik denk eerst dat ie met het zand aan het spelen is; het hondje heeft dezelfde kleur als het zand. Hij leeft in zijn eigen wereld. Op deze stranden geen strandwachten, geen betaald parkeren, geen toezicht, geen jankende muziek, alleen rust, ruimte en de zee. Zelfs spelende kinderen ontbreken. Een kleine, wat corpulente man staat op van het strand, vouwt de grote handdoek op, grabbelt zijn spullen bij elkaar en hangt een groot, goudkleurig kruis op zijn borst. Het is minstens twintig centimeter lang en kleurt goed bij zijn donkere huid. Het ziet er loodzwaar uit. Met een dergelijk kruis op je borst ga je niet pal in de zon liggen. De man draagt het sieraad als een stropdas.

Er komt een haveloos geklede man aanlopen met de dunste benen ooit. Aan zijn voeten steken twee verschillende schoenen, aan een voet zit zelfs een sok. In zijn handen houdt hij twee plastic flessen. Hij bukt regelmatig om de peuken die in het zand liggen op te rapen. Hij loopt wat schuw om zich heen kijkend rond. Guadeloupe is niet voor iedereen een paradijs.

Het bokitbroodje

We hebben nieuwe buren gekregen. Julia en David uit Engeland stellen zich vriendelijk voor.
'We zijn echte *Death in Paradise*-fans en wilden het eiland eens bezoeken,' horen we.
Zonder enig schroom vertellen we over onze ontmoeting met de hoofdrolspeler en alles wat we gezien hebben.
'Ze zijn er nog en er worden nog volop opnames gemaakt. Jullie zullen er vast wel het een en ander van zien,' zeg ik snel als ik hun gezichten zie.
'We hebben veel problemen om onze Engelse ponden om te wisselen voor euro's,' zegt Julia. 'Het lukt bijna nergens. Dus pinnen we met de creditcard en betalen de extra kosten maar.'
Tja, dat is weer een gevolg van de Brexit. Wij kunnen overal pinnen en betalen zonder kosten omdat wij in Europa op reis zijn.
'We hadden al pech toen we onze huurauto op wilden halen. Deze was om onbegrijpelijke reden geannuleerd. We hebben ter plekke een andere wagen gehuurd en moesten opnieuw betalen. We hadden de auto met de creditcard betaald, dus zijn we verzekerd en hebben er alle vertrouwen in dat we ons geld terug zullen krijgen. We zijn hier trouwens drie weken en blijven op deze locatie,' gaat ze verder en kijkt goedkeurend om zich heen. 'Loop maar mee, dan kunnen jullie het bekijken,' zegt Julia.
'Graag,' en ik loop samen met haar het appartement binnen.
Een smaakvolle zitkamer met een volledig ingerichte keuken, inclusief afwasmachine en oven. Aquablauwe bank, een eethoek en mooie ornamenten aan de muren.
'Omdat we hier de hele tijd zijn, wil ik zelf kunnen koken. Ik houd van koken; een goed ingerichte keuken was een vereiste,' legt David uit.
Door de openstaande deuren loop je zo naar het balkon.

'In de slaapkamer hebben we prima airco,' gaat ze verder. Wij bewonderen alles met een vleugje jaloezie; wat een heerlijke plek voor een langer verblijf. We bedanken voor de rondleiding en lopen terug naar ons eigen kleine huisje, dat als thuis voelt wanneer Jan de leeggehaalde vuilnisbak van de straat ophaalt. Ik loop mee naar buiten en zie de man van Jessica met een wasmand gevuld met vuile was uit het verblijf van de twee dames komen. Alles wordt weer schoongemaakt voor de volgende gasten.
'*Monsieur*?' roep ik en ga verder in het Engels wanneer de man zich omdraait. 'Zoals u weet, vertrekken we maandag. Ons vliegtuig vertrekt om half negen in de avond. Mogen we onze kamer langer hebben? Uiteraard willen we daar voor betalen,' ga ik verder.'
'Dat ga ik met Jess overleggen. Zij doet de planning,' is zijn reactie, pakt de telefoon en belt zijn vrouw. 'Geen probleem, jullie kunnen zolang blijven als jullie willen.'
Super, we zullen er graag gebruik van maken.

De Botanische Tuinen liggen dicht bij onze studio. Volgens andere reizigers moet het een waar paradijs zijn van planten en belachelijk veel vogels. Jan is vanaf aankomst al bezig om het uiterst nerveuze kolibrievogeltje op de foto te krijgen. Er fladderen hier genoeg van die ieniemienie diertjes rond.
'Wist je dat een kolibrie 15 tot 80 keer per seconde kan fladderen met zijn vleugels?' hoor ik.
Mijn vogelkennis is nihil. Ik vind ze mooi of niet, maar ben geen vogelaar zoals Jan. Er bloeien voor onze studio de mooiste tropische bloemen, die een grote aantrekkingskracht op vogels hebben. Uren heeft hij buiten op een van de stoelen gezeten, de ogen op scherp en de camera in de hand; de ultieme foto moet echter nog gemaakt worden. Jan heeft zijn kaarten nu op de Botanische Tuinen gezet.

We parkeren de wagen, betalen de entree en lopen naar binnen, waar een goed aangelegd pad de bezoeker langs en door alles leidt. We lopen door een jungle van bloemen en regenboogrosella's (regenbooglorries) die zo felgekleurd zijn dat ze bijna onecht lijken. De vogels zijn duidelijk aan bezoekers gewend en laten zich niet door de mensen van de wijs brengen. Jan kan zijn hart ophalen. De bloemen zijn groot en hangen hoog in het groen, alleen met de camera kunnen we ze dichterbij halen. Varens en planten zijn voorgoed verstrengeld met elkaar. Het is niet meer te zien waar de ene begint en de andere eindigt. Het is de jungle beleven op een relaxte manier. Ik hou ervan. Bij tijd en wijle ben ik een luie reiziger. Overal staan borden met uitleg wat er te zien is. Zo leer ik dat de mooie plant, warmrood met gele uiteinden, de *Hélicona de Wagner* heet en veel voorkomt in Zuid- en Centraal-Amerika. Ik lees het om het direct weer te vergeten De plant lijkt het meest op een grote visgraat. Sommige vogels zijn in de rui en zien er letterlijk uit als kaalgeplukte kippen. De kleuren zo intens; blauwe koppies, groen verendek, geel-oranje borst, kromme snavels en kraaloogjes die alles zien. Palmbomen steken hun bladeren de blauwe lucht in, waar ze omringd worden door witte wolken die allemaal een wasbeurt hebben gehad. Het heeft vannacht behoorlijk geregend en de natuur is opgefrist, stofvrij en glanzend. We spotten zelfs een bescheiden baobabboom en een niet te missen bord wijst de bezoeker op orchideeën die deze bezoekers anders gemist zouden hebben; ze gaan op in het groen. Er hangen trosjes bloemen die meer op borstels lijken dan op bloemen. Mevrouw Google leert ons dat het roze bananen zijn. Zelfs bananen doen mee aan de kleurenrace op dit eiland; bescheiden geel is blijkbaar niet voldoende voor een banaan op dit eiland. Ik heb ze nooit eerder gezien. Het zijn mooie vruchten en dikke, groene bladeren beschermen alles. Het roze gaat verder in een tiental roze flamingo's die op hun hoge poten door het water en over het gras stappen. Ik vind het een prachtige, hooghartige vogel die duidelijk niet met zich laat spotten. Het is een feestje om hier rond te lopen en het wordt nog beter wanneer Jan het lukt om een kolibrie met de camera vast te leggen. Hebbes. Watervallen kletteren en verhogen het junglegevoel, dat weer teniet wordt gedaan door een snackbar die ineens opdoemt. Naast de snackbar is een speeltuin waar een paar juffen toezicht houden op een groep kinderen. De kinderen spelen, ravotten, klimmen en klauteren en schijnen geen last te hebben van de hitte. Het is ruim dertig graden. Wij zoeken elk snippertje schaduw op. Het is leuk om naar de uitgelaten kinderen te kijken, die zo veel lol met elkaar hebben. Sommige dingen zijn overal in de wereld hetzelfde. Er is een restaurant, maar daar wordt alleen koffie en een uitgebreide lunch geserveerd. We gaan naar de snackbar en kiezen het traditionele bokitbroodje: hét broodje om op Guadeloupe te eten. We hebben het diverse keren op de menukaart zien staan maar niet eerder geprobeerd. Zoals wij het broodje bal, kroket of frikadel hebben, zo heeft dit land het bokitbroodje. Het broodje is gebakken in een pan met hete zonnebloemolie. Het is smullen van dit knapperig broodje dat gevuld is met sla, tomaat, kip en gesmolten kaas. Het is een typisch Guadeloups-creools gerecht. Eén broodje en één fles sap is voldoende voor ons tweeën. Dit gerecht kwam voor het eerst op tafel na de afschaffing van de slavernij, zo rond 1850. De werkende man had weinig geld te besteden, gist was duur en dus bakte men brood in hete olie. Andere tijden, andere technieken. Tegenwoordig worden de broodjes gemaakt van meel, spekvet, water, zout en gist. Het kan zo gegeten worden maar ook gevuld zoals wij het nu eten. Lekker knapperig met een zachte vulling. Ik lees dat er elk jaar in Deshaies in juli het bokitfeest wordt gehouden. De uitgelezen kans om een lekkere bokit te scoren. Wij zijn net een maand te vroeg.

De basis voor dit brood ligt in de Johnny-cake.* Men gaat ervan uit dat deze platte broden door de immigranten uit de

19e eeuw zijn meegenomen naar dit deel van de wereld. Sommigen noemen het gefrituurde knoedels, wij zeggen iedere keer per ongeluk bokito. Nou ja, *what's in a name*, het is lekker.

*Van oorsprong komen Johnny-cakes uit Trinidad en Tobago, maar al gauw veroverden ze de rest van het Caribische gebied (inclusief de Nederlandse Antillen) en zelfs in delen van de Verenigde Staten zijn ze populair. Ze zijn plat van vorm en een beetje zoet. Na het frituren worden de Johnny-cakes gevuld met beleg, zoals een plakje kaas, salade of wat men maar lekker vindt.

Maria

Guadeloupe is een gelovig eiland. Zo gelovig dat op 9 mei 1977 Maria hier is verschenen. De vrouw, die troost biedt aan veel mensen of ze nu gelovig zijn of niet. Ik vind het fascinerend dat mensen troost halen uit een bezoek aan een beeld. Een paar kilometer buiten Deshaies is de Notre Dame Des Larmes; een kapel aan de rand van het bos, waar een beeld van Maria staat. Mensen worden geacht netjes en kuis gekleed bij haar op bezoek te komen. Mannen en jongens in een lange broek. Geen blote armen of een decolleté voor de vrouwen. En dat in een land waar het nooit kouder wordt dan 25 graden, vraag ik me oprecht af of alle mannen over een lange broek beschikken.
'Tja, dan moet ik er maar alleen naartoe,' lach ik tegen Jan. 'Jij hebt alleen maar korte broeken bij je.'

Tijden veranderen en kledingvoorschriften veranderen mee, zien we wanneer we uitstappen bij de kapel. Het is gezellig druk bij Maria en de watervallen. In het water liggen hele gezinnen in hun badkleding te genieten van het lauwe water. Blote armen, blote benen, uitdagende decolletés; het is een gezellige boel aan de voeten van Maria. De bezoeker wordt gevraagd om zich respectvol te gedragen. Dit soort bedevaartsplekken zijn volgens mij een mix van religie, kitsch en gezelligheid. Wanneer ik een rondje om het beeld loop, zie ik een twee krukken tegen het beeld staan. Een wonderbaarlijke genezing?
'Die hebben ze er vast neergezet om het echter te laten lijken,' zegt Jan, die alleen maar sceptisch is en alles maar hocus pocus vindt.
Ik heb geen idee. Misschien had hij of zij ze niet meer nodig en heeft ze hier achtergelaten voor iemand die ze nodig is? Maar als men er troost uit haalt, is het toch goed? Ik hoef al-

les niet te snappen? Geloven gaat om vertrouwen, harde bewijzen ontbreken nu eenmaal altijd. In het houten kerkje staan tientallen kaarsen te branden. Vazen zijn gevuld met tropische bloemen, waar dit eiland zo rijkelijk mee is bedeeld. Onder een afdakje staan Maria-beelden, alle hebben de handen devoot gevouwen en de blik naar boven gericht. Onder een ander afdakje staat een beeld van een man, de handen voor het gezicht geslagen. Een trapje gemaakt van dikke stenen leidt naar de witte, stenen man. De omgeving is magnifiek: Maria staat op een A-locatie. Dichte jungle en grote bergen omarmen en beschermen haar. Grote bananenbladeren ritselen en schuren hard tegen elkaar aan. In de jungle is het nooit stil. Kinderen spelen in het water en rennen over de rotsen. Ik vind het opvallend hoe weinig er met de kinderen wordt getut. Hoe klein ze ook zijn. De ouders zijn wel in de buurt, maar laten hun kroost hun eigen gang gaan. Verfrissend, hoewel mama ongetwijfeld een oogje in het zeil houdt en anders houdt Maria toezicht.

De vlinder is rond

Guadeloupe heeft de vorm van een vlinder en is circa drie keer groter dan Texel. We hebben bijna de twee vleugels gerond, bijna… Er is nog een stukje dat we moeten afleggen. Dat moet van onszelf, het zal verder niemand interesseren, maar soms is het leuk om iets af te kunnen vinken. Jan start de auto en we rijden weg. Na een half uur zijn we in Bouillante, waar een man druk bezig is om zijn lolo klaar te maken voor de dag van vandaag. Een paar mannen zitten achter een drankje. Stoppen, uitstappen en we lopen naar de man toe. Hij knikt, hij heeft koffie en we gaan ergens zitten.
'Madame,' roept de man en met een pak melk in zijn hand weet hij me duidelijk te maken dat madame zelf aan moet geven hoe veel melk ze graag in de koffie wil.
Madame is graag behulpzaam. Hij laat me twee zakjes suiker zien. Hoewel we geen van beiden suiker in de koffie gebruiken, zijn de zakjes te leuk. Papieren zakjes met het vertrouwde madraspatroon.
'Graag,' zeg ik en neem alles mee.
De koffie behoort tot de allerlekkerste die we tot nu toe hebben gedronken. De lolo-uitbater biedt een ruim assortiment aan. Van een gekoeld pilsje tot verschillende soorten broodjes, ijsjes, taco's en zelfs verse salade staat op het menu. We hebben weer energie genoeg en gaan verder naar Marigold waar op zaterdag een gezellige markt moet zijn. Onze informatie slaat de plank volkomen mis. Niks te doen. We reizen verder naar onze volgende bestemming: Basse-Terre, waar een vis- en souvenirmarkt is. Een groot beeld trekt echter eerst onze aandacht en nieuwsgierig lopen we ernaartoe. Op het plein staat een beeld van twee grote, donkere vrouwen met de rug naar elkaar gekeerd, gekleed in witte, elegante jurken die de schouders vrijlaten. De een houdt een schaal in haar linkerarm waar bananen en ananas in

liggen, de andere vrouw houdt met haar rechterhand het fruit tegen haar buik vast. Alles is een toonbeeld van elegantie. Ik kijk of er een plaquette of iets anders is om de betekenis van dit beeld uit te leggen. Niks te vinden, ik doop het tot hét symbool van de marktvrouw van Basse-Terre.

Een bruin bord met een afbeelding van een marktvrouw met bandana en een trommel attendeert ons op de Marché Mawché-La. Vismannen hakken grote vissen in grote stukken die achteloos op elkaar worden gestapeld. De brokken zijn niet meer als vis te herkennen, alleen de geur verraadt dat we op een vismarkt lopen. Vinnige staarten steken uit de bakken. Stukken tonijn liggen doormidden gezaagd op het zeil. Op een tafel staat een weegschaal. Boter bij de vis. Ook hier is de markt een aanslag op alle zintuigen. Grote bloemen staan in bossen bij elkaar gebonden in vazen te wachten op een koper. Veel marktvrouwen dragen geblokte kleding, bandana om het hoofd geknoopt en met het nodige enthousiasme wordt alle koopwaar aangeprezen. Het zijn bijna allemaal stevige dames met dito armen en een blik in de ogen waar niet mee te spotten valt. Een marktvrouw draagt een ouderwetse hoornen bril op d'r neus en niets ontsnapt aan haar alziende ogen. Mijn moeder zou zeggen 'een vrouw waar je de oorlog mee kunt winnen'. De geblokte kleding staat mooi op de donkerbruine huid en geeft alles een vrolijke uitstraling. Bruine popjes in madrasjurkjes wachten op spelende kinderen; geen pop is dezelfde. Afgedankte boodschappenkarretjes krijgen hier een tweede leven en liggen vol stapels stoffen en kleden die gebruikt worden als tafellakens, om jurken van te maken of als omslagdoeken worden gebruikt.
In flessen worden troebel uitziende, zelfgemaakte punchdrankjes verkocht. Een mix van citroen of limoen met suiker en rum. Doordat je het fruit goed kunt zien, lijkt het net alsof er menselijke onderdelen op sterk water in zitten.

Madame Gousegousse is duidelijk een populair merk rijst. Het is dat de zakken meer wegen dan mijn bagage bij elkaar, anders zou ik een zak jasmijnrijst en een pot met kruiden meenemen. Er worden oorhangers verkocht en daar is altijd plek voor. De verkoopster weet me duidelijk te maken dat ze van glas zijn en gemaakt door de lokale mensen. Van een oude vrouw koop ik een zak koeken waarvan later zal blijken dat ze minstens zo oud zijn als de vrouw waar ik ze van heb gekocht. Een oranje meloen is in tweeën gehakt en ligt als een identieke tweeling op een bak met knollen en aard-appelen. Vliegen hebben hier de tijd van hun leven en ver-zuipen bijna in het sappige fruit. De verkoopsters laten ons met rust. Aan de spijlen van een hek hangen levende krabben die als bosjes aan elkaar zijn geknoopt. De dieren doen een laatste wanhopige poging om aan hun lot te ontkomen. Hun toekomst ligt echter al vast.

Ondanks dat we niet in de buurt van de kerstdagen zijn, ligt er een kleed met afbeeldingen van kerstmannen, sneeuw en dennenbomen op een van de tafels. De winterse sfeer gaat verder in een cafeetje waar we wat drinken en vijf mannen op leeftijd meer kabaal maken dan een motorclub op hun jaar-lijkse feest. De glazen worden constant bijgevuld met rum. Kerstversieringen hangen overal en vanaf het plafond wordt ons een Joyeuses Fêtes toegewenst. Op de grond staan groene potplanten waar gezellige kerstdecoratie in hangt. Tussen de planten een paar kleine, houten rendieren. De barman moet lachen wanneer hij ziet dat ik foto's van alle kerstspullen maak. We hebben hier duidelijk te maken met een echte fan van kerst. Ze zijn hier vroeg, te laat of misschien precies op tijd…

Tromgeroffel lokt ons om weer verder te gaan. Een man ge-kleed in een zachtgeel shirt, dito gekleurde rieten hoed op zijn hoofd, kettingen om zijn hals zingt en begeleidt zichzelf met tromgeroffel. Tussen de tenen van zijn rechtervoet zitten bellen die op het ritme van het geroffel mee bewegen.

Vanaf de markt loopt een stenen trap naar boven. Op de muren aan de zijkanten zijn reliëfs van vissen en abstracte kunst gemaakt. De treden zijn een mozaïek van stenen. Het onkruid weet zich een weg tussen de voegen uit dringen. De Passage des Marches. Het vrolijkt de boel op alsof de markt zelf niet kleurig genoeg is. Een grote muurschildering toont gelaten van vrouwen met ronde gezichten die zonder uitzondering gepijnigd kijken. Hier word ik niet blij van. Hoog boven alles torent een witte kerk die in de loop van de tijd wat is vergeeld. De kerkklok geeft de juiste tijd aan en dat valt op.

We zoeken de auto op en gaan verder richting Gosier en stoppen bij een van de vele boulangeries en patisserieën die werkelijk overal te vinden zijn. Ik koop een vers brood met een klodder chocolade. Vers brood is hier alleen op de dag van aankoop vers. Ik scheur het brood in stukken en we eten alles lekker op. Het is rustig in de stad; alleen een man op een kanariegele scooter rijdt voorbij, helm op zijn hoofd en een sigaret in zijn mond. Het lijkt een zondag in een strenggelovig dorp waar iedereen in de kerk zit. Bij de kerk is het echter rustig. De kerktoren met zijn mintgroene dak steekt smaakvol af tegen de smurfenblauwe hemel. Op de punt staat stevig een kruis. Het is een opvallend gebouw dat als het ware in een hoekvorm is gebouwd. Het biedt ruimte aan veel gelovigen, die vandaag allemaal elders zijn. Ik loop er naartoe en passeer een muur met schilderingen van vrouwen die vriendelijk en zelfverzekerd kijken, ringen in de oren en de bandana stevig om het hoofd gedraaid. Dit in tegenstelling tot het echtpaar op de muur. De vrouw kijkt ronduit angstig en haar man met een rieten hoed op zijn hoofd heeft zo te zien geen plezier. Alles in koelblauwe en zachtgele kleuren. Naast de kerk is de plaatselijke begraafplaats waar veel graven met witte tegels zijn bedekt. De graven glinsteren in de zon. Alles straalt rust uit.

Na de hitte is de airco in de wagen heerlijk, even afkoelen, even bijkomen, en verder rijden om te stoppen bij een rhum-distilleerbedrijf. In Guadeloupe wordt uitsluitend rhum met een h gedronken. Grote pallets met duizenden lege flessen staan klaar om gevuld te worden. Grote metalen tanks zijn gevuld met dit gouden goedje. Afbeeldingen van mannen die als kaasdragers vaatjes Damoiseau-rhum vervoeren maken duidelijk wat de inhoud is. Hier wordt Damoiseau-rhum gemaakt. Een oude, rode trein heeft na jaren van trouwe dienst hier tussen de groene palmbomen zijn laatste rustplaats gekregen. Rum is de nationale drank van dit eiland. Al meer dan driehonderd jaar wordt het hier gestookt. Er zijn een paar bedrijven die het maken. Jan, een liefhebber van een koude cola met een scheutje rum, stopt de auto en we maken de nodige foto's. We gaan verder en komen aan in Les Mangles en hebben daarmee de beide vleugels gerond. Gewoon omdat het soms leuk is om iets af te kunnen vinken. Tevreden kijken we elkaar aan. Jan draait de wagen richting huis.

Wanneer we door Deshaies terugrijden, zien we dat alle reuring is verdwenen. De auto, de motor met zijspan, de grote vrachtwagens, de tientallen mensen: alles weg. De deuren zijn gesloten en niks verraadt iets van alles wat hier zich hier heeft afgespeeld. Natuurlijk stoppen we en lopen we een rondje rond het grijze gebouw en de kerk. Ik gluur door de spijlen waar de gevangeniscellen zich bevinden. De bedden zijn strak opgemaakt met blauwe dekens. In een andere ruimte staat een grote tafel bedekt met zeil en houten banken. We komen er niet achter waar dit houten gebouw ooit voor is gebouwd. Maar, als politiebureau van Honoré heeft het een perfecte bestemming én een vermelding op Google gekregen. Meer eer kun je als gebouw niet krijgen.

Een Ier in Guadeloupe

Jan rijdt de wagen door de jungle richting Point à Pitre. De koelbox staat gevuld op de achterbank. Over bekende wegen en langs vertrouwde routes - zelfs de meneer in zijn rode T-shirt zit alweer op zijn vertrouwde plek op de houten bank. Ik zwaai elke dag naar de man en zijn groet is minstens zo enthousiast. Dat is beslist het leuke van ergens voor een langere tijd op dezelfde plek verblijven. We rijden zo een deel van de Route de la Traversée en langs diverse watervallen, door de jungle waar allerlei wandelingen te maken zijn. De overweldigende natuur blijft indruk op ons maken. Minder leuk zijn alle autowrakken en ander grof vuil die elke weg hier ontsieren. Van huisvuil, waarbij een wc-pot het meest opvallend is, tot deuren en stoelen, alles wordt maar ergens gedumpt. Autowrakken zien we overal, van kleine personenauto's tot grote wagens, alles verroest, begroeid en half opgevreten door de jungle. Ik denk dat afval verantwoord afvoeren, hergebruiken en scheiden sowieso een groot probleem is op een eiland. Soms hebben we een container voor lege flessen gezien, maar nooit iemand die er een lege fles ingooit. Alles wordt in dezelfde kliko gegooid. De enige dissonant in een verder perfect eiland.

Jan parkeert de auto bij de picknickplaatsen bij de Cascade aux Écrevisses, waar het gezellig is. Mensen zijn allemaal goed van vertrouwen en laten alles open en bloot op de tafels staan wanneer men het water ingaat. De waterval is maar een paar stappen verwijderd. Een man hangt zijn hangmat op en kruipt er in. Een moeder met twee meisjes heeft genoeg spullen, eten en drinken bij zich om het de hele dag vol te houden. De vrouw draagt een merkwaardig kledingstuk, een soort van strakke tuinbroek met driekwart pijpen. Op de buik een grote afbeelding van het hoofd van een vrouw. De mond van de vrouw eindigt bijna in het kruis van de echte vrouw. Een oudere heer met een lange vlecht bengelend op zijn rug - hij kon zo uit Zuid-Amerika komen -, zeult samen met een meisje een loodzware koelbox naar een tafel. Ze gaan tegenover elkaar zitten. Zo te zien verwachten ze een groot gezelschap. Ik pak onze spullen, maak koffie en samen snoepen we de koekjes op. We genieten van de laatste straatkoffie, van de mensen om ons heen, van de fijne sfeer. Met een zucht ruim ik alles op en gaan we verder met ons afscheidsrondje.

La Maison de Cacao heeft de bruine deuren gesloten. Ze zijn met vakantie lees ik. Nu ben ik de eerste die iedereen een vakantie gunt… Als chocoladejunkie had ik echter graag binnen gekeken. Aan de buitenkant valt veel te zien. De deuren zijn omringd door een boog waar leuke schilderingen op zijn gemaakt. Aan de ene kant de afbeelding van een vrouw met een hoofddoekje van madras die half tussen het groen staat. Haar hand houdt een dikke cacaoboon vast. De afbeeldingen maken ons duidelijk dat de vruchten direct aan de stam groeien. De zaad van deze vruchten is het belangrijkste onderdeel van chocolade. Aha, wanneer chocolade aan een boom groeit, is het fruit en fruit is gezond, dus ik kan zonder enige schaamte zo veel chocolade eten als ik wil. De muurschilderingen gaan over in het echte groen dat hier weelderig groeit. Aan de andere kant zit een man. In zijn hand, met opmerkelijke witte nagels, houdt hij een vrucht vast. Het hoofd gebogen en bedekt met een hoed lijkt hij het meest op een Mexicaan. Misschien heeft iemand van Zuid-Amerikaanse afkomst dit allemaal gemaakt? Maakt niet uit, het is mooi, het is kleurig en vrolijk. Voor hem ligt meer fruit en staat er een beker met drank. Chocolademelk? Oude zakken zijn gevuld met keihard cement en staan nu ter decoratie tegen de muur aan. Alles uiteraard in bonte kleuren en alsof dat niet voldoende is, bloeien er volop paarse bloemen. Wanneer ik dichterbij kom, zie ik de details in de muurschildering. Een zwart-wit wasbeertje kijkt ondeugend door het het groen en een kleine kolibrie pikt het nectar uit de paradijsbloem. Ik steek de weg over en loop naar het transformatorhuisje waar we diverse keren langs zijn gereden. Er is een blauwe vrouw op geairbrusht, ze kijkt zwoel en zelfverzekerd naar alle mensen die haar passeren. Kunst is overal, als je het maar zien wilt. Aan een waslijn hangen zeven uitgewassen, grote, plastic boodschappentassen. Ik kijk snel om me heen en maak een foto..

In Pointe-Noire lukt het Jan met moeite om een parkeerplek te vinden. Op een zondag zoals vandaag worden de stranden en de koffietentjes goed bezocht. Wie maar lang genoeg zoekt, vindt een parkeerplek en een koffie. Het meisje switcht direct over naar het Engels wanneer ze ons hoort praten. Ze knikt, twee espresso met melk moet lukken in dit café waar meer alcohol dan koffie wordt verkocht. Zij verzorgt de drankjes, houdt de tafels schoon en droog. Een forse vrouw met een haarnetje over haar haar, gaat over de broodjes, de crêpes, de bokits en de ageulous. Dat laatste ken ik niet. Wanneer ik het plaatje van het broodje bekijk, denk ik dat het een paninibroodje is. De vrouw knikt bevestigend. Ik laat de koffie staan en loop de straat in waar prachtig afgebladderde, verroeste en onbewoonbaar verklaarde creoolse woningen staan. Op een van de huizen hangt een bordje met iets in het Frans, het woordje *l'homme* begrijp ik, dat is een man, mevrouw Google vertaalt het snel voor mij. *Een man piest en poept hier niet* staat er. Waarvan akte. Het onkruid gaat hier helemaal los. Golfplatendaken krullen om als oude kranten en in de daken zijn kleine erkers gemaakt die op hondenhokken lijken. Onder de daken hangen - als verjaardagsslingers - opengewerkte randen van metaal. De schoonheid van verval is hier tot kunst verheven. We drinken de drankjes op en reizen verder.

De oranje lolo A Ka zouk'La nodigt uit tot een stop; we zijn vandaag een makkelijke prooi. Meer hebben we niet nodig om te stoppen, te parkeren en uit te stappen. En, niet onbelangrijk, er is schaduw onder een afdak gemaakt van zwart landbouwplastic. Witte plastic gordijnen kunnen dichtgeschoven worden wanneer de regen weer toeslaat. Er zijn een paar eisen waar een plek aan moet voldoen. Lolo's zijn overal, alleen de openingstijden blijven raadselachtig. Wanneer de een open is, is de ander gesloten. De een heeft een menukaart terwijl de andere alleen maar kip met patat of rijst verkoopt. Ze staan bij benzinestations, aan de kant van de weg en sommige hebben een vaste stek. Soms is het alleen een wagen, maar deze heeft een terras met een betonnen vloer, elektriciteit, vuilnisbakken, koele drankjes en staat er duidelijk al langere tijd.

'Wat doen die mannen daar toch,' wijs ik naar de mannen die bij twee houten tonnen zitten waar grote afgesloten blikken in staan.

We lopen ernaartoe. De ene man pakt een boormachine, plaatst het werktuig op het deksel en boren maar.

'Volgens mij maakt hij ijs,' zeg ik niet gehinderd door enige kennis.

De mannen weten ons duidelijk te maken dat het een mix is van ijs, een milkshake en een sorbet.

'Kokos- en mangosmaak,' zegt de andere man.

Ik bestel een kokosijsje. Het is heet vandaag, wat als een ijsje begint, is na een paar tellen een sorbet. Smullen.

'Je kunt bij de lolo betalen,' horen we.

Het is vandaag overal te heet voor en een warme maaltijd verzorgen is het laatste waar ik zin in heb. Jo's Burger is een mooie, oude foodtruck. De buitenkant is leuk opgepimpt met oude, Amerikaanse reclameborden uit de tijd dat een bakje friet nog vijftien cent kostte en voor een huisgemaakte hamburger betaalde de klant slechts 25 cent.

'Ik ben elke avond open van zes tot negen uur,' zegt Jo een grote man met buikje en baard. 'Ik ben een Ier en nee dat is echt wat anders dan een Engelsman,' reageert Jo wanneer we denken dat hij uit Engeland komt. 'Ik zal voor jullie een heerlijke burger klaarmaken. Wat willen jullie, de klassieke de pittige of de tropische burger met banaan en ananas,' gaat de man verder.

Dat is geen moeilijke keuze. Wanneer je in de tropen bent, dient een mens zich tropisch te gedragen.

'Over een haf uurtje heb ik alles klaar. Ik moet de boel even opstarten' horen we van Jo.

'Hoe ben je vanuit Ierland hier beland?' vraag ik nieuwsgierig.

Hij schiet in de lach.

'Mijn ouders leven niet meer. Mijn vader had grond in Frankrijk dat ik beheerde. Daar heb ik een man uit Guadeloupe leren kennen, die vertelde dat er op het eiland voldoende werk was. Dus ik naar dit eiland. Wat denk je? Geen baan te krijgen. Uiteindelijk kwam ik bij de eigenaar van deze lolo te werken. Op een gegeven moment heb ik deze truck over kunnen nemen. Ik ben van plan om in de zomermaanden naar Québec in Canada te gaan en de andere helft van het jaar wil ik hier wonen en werken. Van beroep ben ik jager maar dat kan ik hier niet uitoefenen. In Canada ga ik jagers begeleiden.'

'Tja, hier kun je alleen op muskieten jagen,' zeg ik en we schieten allemaal in de lach.

Ondertussen zijn de hamburgers klaar. Jo is zo vriendelijk om alles voor ons in te pakken zodat we thuis op ons eigen terrasje alles op kunnen eten. We nemen afscheid van de vriendelijke man en rijden terug naar onze studio waar we smullen van een tropische verrassing dankzij een jager uit Ierland die in Guadeloupe een eigen foodtruck heeft.

Koffie met klontjes

De laatste dag van een reis heeft altijd iets weemoedigs: afscheid nemen, terugblikken, fijn om naar huis te gaan en ondertussen begint de heimwee naar dat wat achter mij ligt.
'Point Allegre moet een leuke bestemming zijn. Zullen we daarnaartoe gaan?' stelt Jan voor.
Onze vlucht gaat pas laat in de middag en aangezien we de studio zo lang mogen gebruiken als we willen, kunnen we alles laten staan en douchen voor vertrek. Mijn boek zwijgt in alle talen over deze plek, maar mevrouw Google is goed op de hoogte. We laten ons graag verrassen en Jan rijdt richting Deshaies waar de crew aanwezig is op de grote parkeerplaats naast onze favoriete lolo, maar bij de kerk en het politiebureau is het rustig. Er wordt op dit moment niet gefilmd.

Het is zoeken naar de juiste weg, maar via Saint-Rose vinden we eindelijk de afslag naar onze bestemming. Saint-Rose, waar we al een paar keer waren. Het meest opvallende aan dit plaatsje zijn enkele rotondes die versierd of betegeld zijn met scherven glas. Misschien met oude Heineken bierflesjes. Dit merk is populair en is overal te koop. De ATM-machine is de moeite waard. Het is verwerkt in een grote muurschildering van een landschap met schapen, molens en mensen. De gewone dingen die allemaal net anders zijn dan thuis en opvallen.
'Rijden we toch nog wat dirtroad,' grijnst Jan als hij de weg opdraait naar Point Allegre.
De weg lijkt een vergeten weg, een weg die niet bestemd is om te gebruiken. Per definitie de leukste weggetjes... volgens Jan. Kuilen, gaten en stenen leiden ons achter langs de huizen en dan doemt er ineens een groot terrein op van dor gras, dikke keien en groene bomen. Bomen die allemaal scheef gewaaid naar de dezelfde kant zijn gebogen. Het ziet er abso-

luut niet uit als een toeristische bestemming. Grote grijs-zwarte rotsblokken hebben een parkeerplaats gemarkeerd op het gras. Er staat geen auto en we stappen uit. We zijn hele-maal alleen, denken we.

Er komen vier vrouwen aan lopen die alles zijn wat ik niet ben. Allemaal gekleed in driekwart lange broeken, petjes op het hoofd, zonnebril op de neus en verantwoorde schoenen. Vaak dragen deze dames fleece-jassen, lopen ze iets voorover gebogen en hebben de handen op de rug. Op hun gezicht is geen spoortje make-up te bekennen. Ik voel me altijd lichtelijk geïntimideerd door dit soort vrouwen. Vooral driekwart lange broeken vallen voor mij in dezelfde categorie als lange, geblokte korte broeken voor mannen. Gelukkig is het uitzicht weer alles wat een mens verwacht van een tro-pisch eiland in de Cariben. In de verte dobberen eilandjes in het blauwe water, witte wolken waaieren voorbij en een brandende zon omlijst alles. We nemen de tijd om de laatste indrukken van dit eiland mee te nemen naar huis; het eiland dat ons in alle opzichten zo aangenaam heeft verrast. Tijd voor koffie. We doen een laatste poging om een goede kop koffie en als het kan zelfs een cappuccino te scoren. In Saint-Rose zijn verschillende zaken. Er is een Salon du Thé die de deuren heeft gesloten.

'Dat lijkt me wel wat,' wijs ik naar een zaak de eruit ziet als een Amerikaanse diner en de indrukwekkende naam Byen Bonjou Le Gormix concept Bourg de Sainte-Rose draagt. Er zitten vier vrouwen een gigagrote pizza weg te werken en dat om elf uur in de ochtend. Een grote, dikke vrouw met borsten als billen geeft haar grote peuter de borst.

'Ik heb geen cappuccino, maar koffie met melk,' zegt de vrouw.

Prima. Alleen het feit al dat er melk is, is het vermelden waard. In de vitrine veel soorten broodjes en lekker uitziend appelgebak.

'Daar wil ik er graag twee van,' wijs ik.

Ze weet me duidelijk te maken dat ze alles naar onze tafel zal brengen. We zoeken een plekje op; de wind blaast vrij en vrolijk door de zaak en alles wordt voor ons neergezet. De gebrachte koffie ziet er twijfelachtig uit.

'Drijven daar nu melkklontjes in?' vraag ik me hardop af met moeite een rilling onderdrukkend.

Ik ga er altijd prat op dat ik veel lust. Ik heb lellen en drellen gegeten waaronder slang, aap, spinnen en larven. Voedsel waarvan ik geen idee had wat het was en vaak was ik blij dat ik het niet wist. Maar bij melk met klontjes trek ik echt de grens.

'Even stevig roeren dan proef je er niks van,' zegt Jan die geen enkele moeite heeft met klontjes in de melk en met een grote grijns op zijn gezicht alles opdrinkt.

Oké, roeren maar, slikken maar; het vergt enig doorzettingsvermogen. Zelfs een perfect eiland heeft zijn onvolkomenheden.

Bibliografie van Ada

Wombat midi (papieren en E-boek op www.bol.com en www.bod.de)

In de straten van Opuwo
op reis door Namibië
Langs de Okavango
een reis door het noorden van Namibië en Botswana

kleintje Wombat (papieren en E-boek op www.bol.com en www.bod.de)

De zuilen van Jerash
op reis door Jordanië (eerder verschenen onder de titel *Woestijnkastelen en Stadskamelen*)
De olifanten van Botswana
met een 4x4 door Moremi en Chobe
De vissers van Tanji
op reis in The Gambia (2^e druk)
De dhows van Sur
op reis door Oman
De vrouwen van Kafountine
op reis door Gambia en de Casamance in Senegal
De muren van Kubuneh
op reis door Gambia en Zuid-Senegal
De zebra's van Namibië
De baobabs van Morondava
op reis door Madagaskar
De weg naar Tendaba
reizen door Gambia
De reigerkoning van Ganvié
op reis door Benin

Speciaal kleintje Wombat
Reizen en Schrijven, 2021
Alles over het schrijven en uitgeven van je eigen (reis)boek.

Wombat reisboeken (te bestellen va info@boekenplan.nl)

Starende beelden op Rapa Nui
een reis van Paaseiland naar Peru
Ghana… een reis op het ritme van de drums
2e herziene druk
In Namibië
kampeerreizen door het leegste land van Afrika
In het Duits verschenen als *In Namibia*
Myanmar
reizen door het Gouden Land (eerder verschenen als *Myanmar… op blote voeten door het Gouden Land*). Is als 2^e druk geheel aangepast.
De drums van TIMKAT
een reis door Ethiopië
In Boeddha's schaduw
een reis door China en Tibet

Op https://www.adarosman.nl/uitverkochte-boeken/ een lijst met titels die alleen 2^e hands te verkrijgen zijn.

In de serie **Twee vrouwen Twee reizen**

Anika Redhed & Ada Rosman-Kleinjan

JORDANIE
OMAN

Ben je na het lezen van dit boek, of na het lezen van een van mijn andere boeken nieuwsgierig geworden naar meer verhalen? Kijk op **www.adarosman.nl** voor lezingen die door Jan worden gegeven. Ook vind je op deze site alle informatie over mijn boeken. Eeen paar keer per jaar komt er een Wombat-nieuwsbrief uit met de laatste info over onze reizen, mijn boeken, Jan zijn lezingen en leuke tips voor reizigers en/of lezers. Stuur een mail en je naam wordt op de lijst gezet.

Op Instagram ben ik te vinden als **ada.rosman.kleinjan** en op Facebook plaats ik elke dag een mooie foto op **Wombat reisboeken**.
Tijdens onze reizen kun je ons volgen via Polarsteps, zoek dan op Jan Rosman. Hij plaatst daar, als het lukt, dagelijks foto's. Ook leuk voor de liefhebber van routes, afstanden en andere feitjes. Ik plaats regelmatig een reisblog op mijn website.

Reageren? Wat vragen? Gesigneerd boek bestellen? Sommige titels heb ik zelf op voorraad. Interesse in een boeiende lezing? Foto-expositie? Wij hebben tientallen, ingelijste foto's beschikbaar voor exposities.
Ik hoor graag van je.

Ada Rosman-Kleinjan * reizen en schrijven
e info@adarosman.nl
www.adarosman.nl
KvK Enschede 0818953

* Lezers kunnen op geen enkele wijze rechten ontlenen aan de informatie zoals die is beschreven in dit boek.

De politie van Saint Marie in Honoré

De St. Pierre en St. Paul kerk in Deshaies